中国建筑学会标准

装配式配筋砌块砌体建筑技术标准

Technical standard for assembled buildings with reinforced concrete masonry structure

T/ASC 29-2022

批准单位：中国建筑学会

施行日期：2022年9月1日

中国建筑工业出版社

2022 北京

中国建筑学会标准
装配式配筋砌块砌体建筑技术标准
Technical standard for assembled buildings with reinforced
concrete masonry structure
T/ASC 29-2022
*
中国建筑工业出版社出版、发行（北京海淀三里河路9号）
各地新华书店、建筑书店经销
北京建筑工业印刷厂制版
北京建筑工业印刷厂印刷
*
开本：850毫米×1168毫米 1/32 印张：4½ 字数：121千字
2022年12月第一版 2022年12月第一次印刷
定价：**48.00**元
统一书号：15112·40307

本社网址：http://www.cabp.com.cn
网上书店：http://www.china-building.com.cn

中国建筑学会文件

建会标〔2022〕11号

关于发布中国建筑学会标准《装配式配筋砌块砌体建筑技术标准》的公告

现批准《装配式配筋砌块砌体建筑技术标准》为中国建筑学会标准，编号为 T/ASC 29-2022，自 2022 年 9 月 1 日起实施。

中国建筑学会

2022 年 7 月 5 日

前　言

本标准根据中国建筑学会《关于发布〈2019年中国建筑学会研编计划（第三批）〉的通知》（建会标〔2019〕8号）的要求，由哈尔滨达城绿色建筑股份有限公司会同有关单位编制完成。

在本标准编制过程中，编制组广泛调查研究和总结了实践经验，参考了国内外有关标准，并在广泛征求意见基础上，对具体内容进行了反复讨论、协调和修改，最后经审查定稿。

本标准的主要技术内容是：总则，术语和符号，基本规定，材料和计算指标，建筑设计，结构设计，外围护系统设计，设备与管线系统设计，内装系统设计，构件制作、检验与运输，施工，工程验收。

本标准的发布机构提请注意，声明符合本标准时，可能涉及《一种配筋砌块砌体结构装配化施工方法》ZL201510178278.2、《一种配筋砌块砌体墙体装配式施工方法》ZL201410421577.X、《一种利用呼吸式夹心墙砌块的外叶墙砌筑方法》ZL201510084848.1、《一种集块建筑装配化施工墙片穿筋方法与穿筋工具》ZL201610792769.0、《一种集块建筑混凝土空心砌块墙片绑扎系统及其绑扎方法》ZL201611123977.8、《装配式配筋砌块砌体墙结构专用混凝土空心砌块产品组》ZL201922158057.5、《集块模式三向开孔混凝土砌块》ZL201620280343.2、《一种集块建筑渐变截面单向预制空心板叠合楼盖》ZL201822163055.0、《一种集块建筑叠合板用渐变截面单向预制空心板》ZL201822167826.3、《一种集块建筑装配化施工钢筋引导管拆除系统》ZL201721811327.2等相关专利的使用。

本标准的发布机构对于该专利的真实性、有效性和范围无任何立场。

该专利持有人已向本标准的发布机构保证，他愿意同任何申请人在合理且无歧视的条款和条件下，就专利授权许可进行谈判。该专利持有人的声明已在本标准的发布机构备案。相关信息可以通过以下联系方式获得：

专利持有人姓名：哈尔滨达城绿色建筑股份有限公司

地址：哈尔滨市南岗区先锋路469号广告产业园7号楼4层

请注意，除上述专利外，本标准的某些内容仍可能涉及专利。本标准的发布机构不承担识别这些专利的责任。

本标准由中国建筑学会标准工作委员会负责管理，由哈尔滨达城绿色建筑股份有限公司负责具体技术内容的解释。执行过程中如有修改意见或建议，请寄送哈尔滨达城绿色建筑股份有限公司（地址：哈尔滨南岗区先锋路469号广告产业园7号楼4层；邮编：150049；电子邮箱：wflai@sina.com）。

本标准主编单位：哈尔滨达城绿色建筑股份有限公司

本标准参编单位：哈尔滨工业大学
黑龙江工程学院
南京工业大学
中国建筑东北设计研究院有限公司
中国建筑科学研究院
长沙理工大学
北京市建筑设计研究院
哈尔滨工业大学建筑设计研究院
黑龙江省建设科创投资有限公司
黑龙江建筑职业技术学院
北京国际建设集团有限公司
天津中海地产有限公司

本标准主要起草人员：王凤来　孙绪杰　翟长海　刁领双
孙伟民　高连玉　孙建超　刘　伟
高智龙　梁建国　马　涛　张小冬
黄　堃　贾　君　刘　斌　许程洁

杨　旭　王　力　王玉林　赵文宇
费洪涛　王石磊　窦立明　郑　元
王丛菲　袁国旭　肖亚军　张常明
杨庆丰

本标准主要审查人员：任庆英　黄世敏　孙柏涛　唐榕滨
熊立红　金　虹　王　钧

目　次

Contents

1 总 则

1.0.1 为贯彻执行国家“适用、经济、绿色、美观”的建筑方针，规范装配式配筋砌块砌体建筑的生产、设计与施工验收，做到技术先进、安全适用、因地制宜、就地取材、经济合理、质量可靠，带动建材产业和建筑产业转型升级，实现高质量发展，制定本标准。

1.0.2 本标准适用于抗震设防烈度为6度~9度采用装配式配筋砌块砌体剪力墙及装配式预应力连续空心板楼（屋）盖结构的民用建筑及一般工业建筑。

1.0.3 本标准所涉及的各项技术，可成体系使用，也可与行业内其他技术组合应用。

1.0.4 装配式配筋砌块砌体建筑的设计、生产运输、施工安装及质量验收除应符合本标准外，尚应符合国家现行有关标准的规定。

2 术语和符号

2.1 术　语

2.1.1 装配式建筑　assembled building

主要采用预制部品部件在工程现场装配而成的建筑。

2.1.2 装配式配筋砌块砌体建筑　assembled buildings with reinforced concrete masonry structure

采用装配式配筋砌块砌体剪力墙结构的建筑。

2.1.3 非原位砌筑　non in situ masonry

砌筑作业面脱离砌体使用部位的作业方式，区别于在使用部位砌筑的传统砌筑工程。

2.1.4 装配式配筋砌块砌体剪力墙结构　prefabricated reinforced concrete masonry shear wall structure

采用预制混凝土空心砌块砌体墙构件，经吊装安装，实现竖向钢筋和水平钢筋可靠连接，并在墙体孔洞和连接柱内浇筑专用灌孔混凝土形成竖向承重结构体系的房屋建筑结构。涉及抗震要求时，剪力墙也称抗震墙。

2.1.5 结构完整性　structural integrity

选择适宜的建筑材料，强调建筑各局部区域几何空间的结构完整，追求结构传力简单直接，保证结构整体工作性能的设计理念。

2.1.6 预制混凝土空心砌块砌体墙构件　prefabricated concrete masonry component

在工厂或现场临时预制场地非原位完成砌筑和配置水平钢筋等施工作业，达到构件质量验收标准的混凝土空心砌块砌体墙构件。

2.1.7 配筋砌块砌体专用砌块　block for reinforced concrete masonry

孔洞率大于45%，对孔率大于90%，壁及肋上设有功能性凹槽，满足配筋砌块砌体结构使用的混凝土小型空心砌块，简称专用砌块。

2.1.8 配筋砌块砌体专用砌筑砂浆 mortar for reinforced concrete masonry

由胶凝材料、细骨料、水及外加剂的组分，按一定比例拌合，将混凝土小型空心砌块经砌筑成为砌体，起粘结、衬垫、传力和封堵作用的砂浆，简称专用砌筑砂浆。

2.1.9 配筋砌块砌体专用灌孔混凝土 grout for reinforced concrete masonry

由胶凝材料、骨料、水以及根据需要掺入的掺合料和外加剂等组分，按一定比例，采用机械拌合制成，用于灌注混凝土块材砌体芯柱或其他需要填实部位孔洞，具有微膨胀性的混凝土，简称专用灌孔混凝土。

2.1.10 配筋砌块砌体专用砌块组 a set of blocks for reinforced concrete masonry

满足配筋砌块砌体结构组砌和配筋需要的不同尺寸规格和不同类型的系列专用砌块，简称专用砌块组。

2.1.11 对孔率 hole alignment ratio

采用标准块两皮对孔错缝组砌，砌体竖向孔最小投影面积与砌块坐浆面竖向孔截面面积的比值。

2.1.12 装配率 prefabrication ratio

单体建筑室外地坪以上的主体结构、围护墙和内隔墙、装修和设备管线等采用预制部品部件的综合比例，装配式配筋砌块砌体建筑可按本标准附录A计算装配率。

2.1.13 建筑系统集成 integration of building systems

以装配化建造方式为基础，统筹策划、设计、生产和施工等，实现建筑结构系统、外围护系统、设备与管线系统、内装系统一体化的过程。

2.1.14 一体化设计 integration design

建筑材料、建筑、结构、设备、装饰装修、给水排水、暖通、电气等各专业之间以及生产与建造过程各阶段之间的协同设计工作。

2.1.15 连接柱 connection column

将同层内安装的相邻预制混凝土空心砌块砌体墙构件连接成整体的现浇钢筋混凝土柱。

2.1.16 弹性工厂 flexible factory

随工程项目建设需要和场地情况，能灵活布设和迁移的预制墙体构件厂，包含施工现场起重设备可及的预制墙体构件场地和实现大构件短距离运输的集中预制墙体构件厂两种，具有预制场地选择的灵活性和成本优化特性。

2.1.17 固定工厂 fixed factory

用于生产固定建材产品和部品部件，设备和设施不可移动的工厂。

2.1.18 局部叠合空心板 partly composite slab

在板端预留局部叠合区域和板面顺孔水平凹槽，实现板端负弯矩筋配置、管线预埋和板与板、板与墙间可靠连接的变截面预应力空心板。

2.1.19 装配式预应力连续空心板楼（屋）盖 prefabricated prestressed continuous cored slab floor（roof）

采用局部叠合空心板，安装后在支座部位配置受力或构造钢筋、浇筑局部叠合层，形成能连续受力的装配整体式空心楼（屋）盖。

2.1.20 呼吸式夹心保温墙系统 breathing cavity wall system with insulation

由内叶墙、高效保温层和外叶墙构成，通过 90mm 厚外叶墙实现自然通气排湿功能，有效提高安全、节能、防火、防护和耐久性的复合保温墙。

2.1.21 预制呼吸式外叶墙 prefabricated breathing facade panel

在工厂预制完成预留自然通气排湿功能的墙体构件，通过安装构成呼吸式夹心保温墙系统。

2.1.22 刚柔结合连接填充墙 infill wall with rigid-flexible connection

利用填充墙体材料强度差组合装配，保证填充墙与承重结构连接部位在使用阶段满足刚性连接要求，在地震作用下通过低强度材料破坏实现柔性连接的建筑构造。

2.1.23 水平钢筋限位器 horizontal reinforcement locator

保证混凝土空心砌块砌体墙内水平受力钢筋定位布置的专用工具，是保证多层水平钢筋竖向投影基本重合、竖向孔洞通畅和灌孔混凝土质量的重要装置和措施。

2.2 符 号

2.2.1 材料性能

MU——专用砌块的强度等级；

Mb——专用砌筑砂浆的强度等级；

Cb——专用灌孔混凝土的强度等级；

f——未灌孔混凝土空心砌块砌体的抗压强度设计值；

f_c——灌孔混凝土的轴心抗压强度设计值；

f_g——灌孔砌块砌体的抗压强度设计值；

f_y、f_y'——钢筋的抗拉、抗压强度设计值；

f_{vg}——灌孔砌块砌体的抗剪强度设计值；

E——灌孔砌块砌体的弹性模量；

E_s——钢筋的弹性模量。

2.2.2 作用和作用效应

G_k——自重标准值；

M——弯矩设计值；

M_o——预制混凝土空心砌块砌体墙构件的倾覆力矩设计值；

M_r——预制混凝土空心砌块砌体墙构件的抗倾覆力矩设计值；

N——轴向力设计值；

V——剪力设计值；

w_0——基本风压；

w_k——风荷载标准值。

2.2.3 几何参数

A——构件毛截面面积；

A_1——竖向孔洞投影面积；

A_2——砌块坐浆面竖向孔洞截面面积；

A_s、A_s'——受拉、受压钢筋的截面面积；

a_s、a_s'——纵向受拉、受压钢筋重心至截面近边的距离；

B——专用砌块宽度、放线宽度；

b——截面宽度；

b_c——芯柱沿墙长方向的宽度；

b_f'——T形、L形、工形截面受压区的翼缘计算宽度；

H——专用砌块高度；

h_0——截面有效高度；

h_f'——T形、L形、工形截面受压区的翼缘厚度；

L——专用砌块长度、放线长度；

l——芯柱的间距；

l_n——连梁净跨；

S——截面面积矩；

s——间距；

V——专用砌块孔洞体积；

x_0——预制混凝土空心砌块砌体墙构件重心至墙外边缘的距离。

2.2.4 计算系数

D——错缝砌筑对孔率；

K——专用砌块孔洞率；

β——构件高厚比；

γ_{RE}——承载力抗震调整系数；

δ——混凝土空心砌块孔洞率；

η_v——剪力增大系数；

λ——计算截面的剪跨比；

μ_z——风压高度变化系数；

ξ——截面受压区相对高度；

ξ_b——截面受压区相对高度界限值；

φ——承载力影响系数；

φ_{0g}——轴心受压构件稳定系数。

3 基本规定

3.0.1 装配式配筋砌块砌体建筑宜采用模数化设计、工厂化生产、装配化施工、一体化装饰装修、信息化管理和智能化应用，宜用建筑系统集成的方法统筹设计、生产、运输、施工、验收和运营维护，实现工程建设全过程的一体化。

3.0.2 工厂化生产部件应采用适用的技术、工艺和装备机具，应建立完善的生产质量控制体系，保障产品质量。

3.0.3 装配式配筋砌块砌体建筑装配化施工应采用适用的技术、设备和机具，应综合协调建筑、结构、设备、机电和内装等专业，应制定相互协同的施工组织方案。

3.0.4 装配式配筋砌块砌体建筑宜采用建筑信息模型（BIM）技术。

3.0.5 装配式配筋砌块砌体建筑应按现行国家标准《建筑结构可靠性设计统一标准》GB 50068 确定安全等级和可靠度，应按现行国家标准《建筑工程抗震设防分类标准》GB 50223 确定抗震设防类别及抗震设防标准。

3.0.6 装配式配筋砌块砌体剪力墙结构中预制构件的尺寸和形状应符合下列规定:

1 应符合模数化、标准化、公差要求;

2 应符合装配式建筑一体化设计要求。

3.0.7 装配式配筋砌块砌体剪力墙结构中预制混凝土空心砌块砌体墙构件拆分应符合下列规定:

1 预制混凝土空心砌块砌体墙构件的连接柱设置宜避开墙体转角部位;

2 预制混凝土空心砌块砌体墙构件拆分宜考虑构件无支撑条件下的稳定性和吊装设备额定起重量。

3.0.8 装配式配筋砌块砌体建筑的深化设计宜符合建筑系统集成各环节的综合要求。

3.0.9 装配式配筋砌块砌体剪力墙应采用全灌孔配筋砌块砌体。

4 材料和计算指标

4.1 专用砌块、砌筑砂浆和灌孔混凝土

4.1.1 装配式配筋砌块砌体剪力墙结构应采用专用砌块、专用砌筑砂浆和专用灌孔混凝土，且应符合下列规定:

1 专用砌块的技术要求除应符合本标准规定外，尚应符合设计要求及现行国家标准《普通混凝土小型砌块》GB/T 8239 的规定;

2 预制混凝土空心砌块砌体墙构件应采用专用砂浆砌筑，配合比设计及技术要求应符合现行行业标准《砌筑砂浆配合比设计规程》JGJ/T 98 和《混凝土小型空心砌块和混凝土砖砌筑砂浆》JC/T 860 的规定;

3 专用灌孔混凝土应满足现行行业标准《混凝土砌块（砖）砌体用灌孔混凝土》JC/T 861 的要求，坍落度不宜小于 200mm。

4.1.2 专用砌块、专用砌筑砂浆和专用灌孔混凝土的强度等级，应符合下列规定:

1 专用砌块强度等级不应低于 MU10，可采用 MU10、MU15、MU20；

2 专用砌筑砂浆强度等级不应低于 Mb10，可采用 Mb10、Mb15、Mb20；

3 专用灌孔混凝土强度等级不应低于 Cb20，可采用 Cb20、Cb25、Cb30、Cb35、Cb40。

4.2 混凝土、钢筋和钢材

4.2.1 预制普通混凝土构件的混凝土强度等级不宜低于 C30；预制预应力混凝土梁、板构件的混凝土强度等级不宜低于 C40，且不应低于 C30；后浇混凝土的强度等级不应低于 C30。

4.2.2 钢筋应符合抗震性能指标要求，应优先采用延性、韧性和焊接性较好的钢筋，并宜符合下列规定：

1 装配式配筋砌块砌体剪力墙中钢筋宜采用不低于 HRB400 级钢筋；

2 连接柱、圈梁纵向受力钢筋宜采用不低于 HRB400 级钢筋，箍筋宜采用不低于 HRB400 级钢筋，也可采用 HPB300 级钢筋；

3 叠合板后浇部分中的纵向受力钢筋宜采用不低于 HRB400 级钢筋，分布筋可采用 HPB300 级钢筋；

4 预应力空心板用钢绞线应符合现行国家标准《预应力混凝土用钢绞线》GB/T 5224 的规定，预应力空心板用螺旋肋钢丝应符合现行国家标准《预应力混凝土用钢丝》GB/T 5223 的规定；

5 其余混凝土构件中，钢筋的选用应符合现行国家标准《混凝土结构设计规范》GB 50010 的规定。

4.2.3 混凝土、钢筋和钢材的力学性能指标和耐久性要求等应符合现行国家标准《混凝土结构设计规范》GB 50010、《钢结构设计标准》GB 50017 和《混凝土结构耐久性设计标准》GB/T 50476 等的规定。

4.3 其他材料

4.3.1 预埋件的锚板及锚筋材料应符合现行国家标准《混凝土结构设计规范》GB 50010 的有关规定。

4.3.2 钢筋及钢材连接用焊接材料，螺栓和锚栓等紧固件的材料应符合国家现行标准《钢结构设计标准》GB 50017、《钢结构焊接规范》GB 50661 和现行行业标准《钢筋焊接及验收规程》JGJ 18 等的规定；其他连接用材料应符合国家现行有关标准的规定。

4.3.3 呼吸式夹心保温墙系统叶墙间的拉结件或钢筋网片应进行耐久性设计，防护措施应满足不同使用环境条件下的耐久性要求。

4.3.4 预制呼吸式外叶墙接缝处的密封材料应符合下列规定：

1 密封胶应与混凝土具有相容性以及规定的抗剪切和伸缩变形能力；密封胶尚应具有防霉、防水、防火、耐候等性能；

2 硅酮、聚氨酯、聚硫建筑密封胶应分别符合国家现行标准《硅酮和改性硅硐建筑密封胶》GB/T 14683、《聚氨酯建筑密封胶》JC/T 482、《聚硫建筑密封胶》JC/T 483 等的规定。

4.3.5 呼吸式夹心保温墙系统中的高效保温材料，其导热系数不应大于 0.040W/（m·K），体积吸水率不宜大于 3%，燃烧性能不应低于现行国家标准《建筑材料及制品燃烧性能分级》GB 8624 中 B_2 级的要求。

4.3.6 装配式配筋砌块砌体建筑采用的室内装修材料应符合现行国家标准《民用建筑工程室内环境污染控制标准》GB 50325 和《建筑内部装修设计防火规范》GB 50222 的有关规定。

4.4 砌体的计算指标

4.4.1 龄期为 28d 的以毛截面计算的错缝对孔砌筑混凝土空心砌块砌体的抗压强度设计值，当施工质量控制等级为 B 级时，应根据块体和砂浆强度等级按表 4.4.1 采用。

表 4.4.1 专用砌块砌体抗压强度设计值（MPa）

专用砌块强度等级	砂浆强度等级			砂浆强度
	Mb20	Mb15	Mb10	0
MU20	6.30	5.68	4.95	2.33
MU15	—	4.61	4.02	1.89
MU10	—	—	2.79	1.31

注：填充墙砌体抗压强度设计值按《砌体结构设计规范》GB 50003规定采用。

4.4.2 全灌孔砌块砌体错缝对孔砌筑时，抗压强度设计值 f_g，应按下列方法确定：

1 专用灌孔混凝土强度不应低于 1.5 倍的块体强度；

2　灌孔混凝土砌块砌体的抗压强度设计值 f_g，应按下式计算:

$$f_g = f + 0.6\delta f_c \quad (4.4.2)$$

式中: f_g——全灌孔砌块砌体的抗压强度设计值，不应大于空心砌块砌体抗压强度设计值的 2.25 倍;

f——未灌孔混凝土砌块砌体的抗压强度设计值，按表 4.4.1 取值;

f_c——专用灌孔混凝土的轴心抗压强度设计值，按现行国家标准《混凝土结构设计规范》GB 50010 规定取值;

δ——专用砌块的孔洞率，按本标准附录 D 测定，设计中须明确要求。

4.4.3　灌孔砌块砌体错缝对孔砌筑时的抗剪强度设计值 f_{vg}，应按下式计算:

$$f_{vg} = 0.2 f_g^{0.55} \quad (4.4.3)$$

式中: f_g—灌孔砌块砌体的抗压强度设计值（MPa）。

4.4.4　灌孔砌块砌体错缝对孔砌筑时的弹性模量，应按下式计算，砌体剪变模量按砌体弹性模量的 0.4 倍采用。

$$E = 2000 f_g \quad (4.4.4)$$

式中: f_g——孔砌块砌体的抗压强度设计值。

5 建筑设计

5.1 一般规定

5.1.1 装配式配筋砌块砌体建筑的平面、立面、剖面及节点构造设计，宜满足系统集成一体化、承重结构标准化的设计要求。

5.1.2 建筑设计应符合建筑功能和性能要求，宜选用主体结构、围护结构、装饰装修和设备管线装配化集成技术。

5.1.3 建筑的外围护结构、室内装修材料以及楼梯、阳台、空调板、管道井等配套构件宜采用工业化、标准化产品。

5.1.4 建筑设计应符合砌块基本模数要求，考虑专业协调及与工厂预制、构件安装施工的协调。

5.1.5 装配式配筋砌块砌体建筑部品部件设计、生产和施工应考虑制作和安装公差，实现部品部件尺寸与安装作业的公差协调。

5.1.6 外围护结构与内隔墙设计应满足隔声要求，外围护结构应满足节能要求。

5.2 平面、立面、剖面设计

5.2.1 装配式配筋砌块砌体建筑的开间、进深或跨度，梁、板、隔墙和门窗洞口宽度的水平扩大模数数列宜采用 2nm 设计（1m 等于 100mm，n 为自然数）。

5.2.2 装配式配筋砌块砌体建筑的层高和门窗洞口高度等宜采用竖向基本模数和竖向扩大模数数列设计，且竖向扩大模数数列宜采用 nm。

5.2.3 装配式配筋砌块砌体建筑自轴线至洞口边缘标注的墙肢长度应采用奇数倍基本模数。

5.2.4 装配式配筋砌块砌体建筑平面宜简洁规则，洞口宜上下对齐、成列布置，以利于保证结构完整性。

6 结构设计

6.1 一般规定

6.1.1 装配式配筋砌块砌体剪力墙结构房屋最大高度应符合表 6.1.1 的规定。

表 6.1.1 装配式配筋砌块砌体剪力墙结构房屋的最大适用高度（m）

结构类型	最小墙厚（mm）	6 度	7 度		8 度		9 度
		0.05g	0.10g	0.15g	0.20g	0.30g	0.40g
剪力墙结构	190	60	55	45	40	30	24
	290	100	90	80	60	50	40
部分框支剪力墙结构	190	55	49	40	31	24	—
	290	90	80	70	55	39	—

注：1 房屋高度超过表内高度时，应专门研究和论证，采取有效的加强措施；
2 部分框支剪力墙结构指首层或底部两层为框支层的结构，不包括仅个别框支墙的情况；
3 房屋高度指室外地面到主要屋面板板顶的高度（不包括局部突出屋顶部分）。

6.1.2 装配式配筋砌块砌体剪力墙结构的房屋高宽比不宜超过表 6.1.2 的规定。

表 6.1.2 装配式配筋砌块砌体剪力墙结构房屋的最大高宽比

烈度	6 度	7 度	8 度	9 度
最大高宽比	6.0	6.0	5.0	4.0

注：房屋的平面或竖向不规则时应适当减小最大高宽比值。

6.1.3 装配式配筋砌块砌体剪力墙结构房屋应根据抗震设防类别、烈度和房屋高度采用不同的抗震等级，并应符合相应的计算和构造措施要求。丙类建筑的抗震等级应按表 6.1.3 确定。

表 6.1.3　装配式配筋砌块砌体剪力墙结构房屋的抗震等级

<table>
<tr><th colspan="2" rowspan="2">结构类型</th><th colspan="10">设防烈度</th></tr>
<tr><th colspan="2">6 度</th><th colspan="3">7 度</th><th colspan="3">8 度</th><th colspan="2">9 度</th></tr>
<tr><td rowspan="2">剪力墙结构</td><td>高度（m）</td><td>≤ 60</td><td>> 60</td><td>≤ 24</td><td>24～55</td><td>> 55</td><td>≤ 24</td><td>24～45</td><td>> 45</td><td>≤ 24</td><td>> 24</td></tr>
<tr><td>剪力墙</td><td>四</td><td>三</td><td>四</td><td>三</td><td>二</td><td>三</td><td>二</td><td>一</td><td>二</td><td>一</td></tr>
<tr><td rowspan="4">部分框支剪力墙结构</td><td>高度（m）</td><td>≤ 60</td><td>> 60</td><td>≤ 24</td><td>24～55</td><td>> 55</td><td>≤ 24</td><td>24～45</td><td>> 45</td><td>≤ 24</td><td>> 24</td></tr>
<tr><td>非底部加强部位剪力墙</td><td>四</td><td>三</td><td>四</td><td>三</td><td>二</td><td>三</td><td>二</td><td colspan="3" rowspan="3">不应采用</td></tr>
<tr><td>底部加强部位剪力墙</td><td>三</td><td>二</td><td>三</td><td>二</td><td>一</td><td>二</td><td>一</td></tr>
<tr><td>框支框架</td><td colspan="2">二</td><td colspan="2">二</td><td>一</td><td colspan="2">一</td></tr>
</table>

注：1　接近或等于高度分界时，可结合房屋不规则程度及场地类别、地基条件确定抗震等级；

2　乙类建筑按表内提高一度所对应的抗震等级采取抗震措施，已是一级时取一级。

6.1.4　装配式配筋砌块砌体剪力墙结构房屋的设计应遵循抗震概念设计的要求，注重建筑形体规则性和结构完整性，保证结构整体性。

6.1.5　装配式配筋砌块砌体剪力墙结构房屋应按照现行国家标准《建筑抗震设计规范》GB 50011 第 3.4 节的规定进行规则性判别，不规则的建筑应按照规定采取加强措施；特别不规则的建筑应进行专门研究和论证，采取特别的加强措施；不应采用严重不规则的建筑。

6.1.6　装配式配筋砌块砌体剪力墙结构应符合下列要求：

1　采用现浇或装配整体式钢筋混凝土楼（屋）盖时，剪力墙的最大间距，应符合表 6.1.6 的要求。

表 6.1.6　装配式配筋砌块砌体剪力墙的最大间距

烈度	6 度	7 度	8 度	9 度
最大间距（m）	15	15	12	9

2 纵横向剪力墙宜拉通对直；每个独立墙段长度不宜大于8m，且不宜小于墙厚的5倍；每个独立墙段的总高度与长度之比不宜小于2。

3 房屋需要设置防震缝时，其最小宽度应符合下列要求：当房屋高度不超过24m时，可采用100mm；当超过24m时，6度、7度、8度和9度相应每增加6m、5m、4m和3m，宜加宽20mm。

6.1.7 装配式配筋砌块砌体剪力墙结构房屋的层高除满足墙体稳定验算要求外，当墙体厚度为190mm时，尚应符合下列要求：

1 底部加强部位的层高，抗震等级为一、二级时不应大于3.9m，三、四级不应大于4.5m；

2 其他部位的层高，抗震等级为一、二级时不应大于4.5m，三、四级不应大于4.8m。

注：底部加强部位，对剪力墙结构指不小于房屋高度的1/6且不小于底部二层（房屋总高度小于21m时取一层）的高度范围；对部分框支剪力墙结构指不小于框支层以上两层的高度及房屋总高度的1/6。

6.1.8 装配式配筋砌块砌体剪力墙结构伸缩缝的间距不宜大于65m；当屋面或墙面无保温措施时，伸缩缝的间距不宜大于40m。

6.1.9 装配式配筋砌块砌体剪力墙结构高层建筑中的短肢墙应符合下列要求：

1 不应全部采用短肢剪力墙，应形成短肢剪力墙与一般剪力墙共同抵抗水平地震作用的剪力墙结构，9度时不宜采用短肢墙；

2 在规定的水平力作用下，一般剪力墙承受的底部地震倾覆力矩不应小于结构总倾覆力矩的50%，且短肢剪力墙截面面积与同层剪力墙总截面面积比例，两个主轴方向均不宜大于20%；

3 短肢墙的抗震等级应比表6.1.3的规定提高一级采用；抗震等级已为一级时，配筋应按9度的要求提高。

注：短肢剪力墙指墙肢截面高度与宽度之比为5～8的剪力墙，一般剪力墙指墙肢截面高度与宽度之比大于8的剪力墙。“L”形、“T”形、“十”形等多肢墙截面的长短肢性质应由较长一肢确定。

6.1.10 部分框支剪力墙房屋的结构布置应符合下列规定:

1 上部的装配式配筋砌块砌体剪力墙的中心线宜与底部的剪力墙或框架的中心线相重合;

2 房屋的底部应沿纵横两个方向设置一定数量的剪力墙,并应均匀布置;底部剪力墙可采用装配式配筋砌块砌体剪力墙或钢筋混凝土剪力墙,但同一层内不宜混用;

3 部分框支剪力墙结构的楼层侧向刚度比和底层框架部分承担的地震倾覆力矩,应符合现行国家标准《建筑抗震设计规范》GB 50011 的有关规定;

4 剪力墙应采用条形基础、筏板基础、箱基或桩基等整体性较好的基础。

6.1.11 连接柱和圈梁的混凝土强度等级不应小于相应灌孔混凝土的强度等级。叠合板后浇混凝土强度等级宜与圈梁相同。

6.1.12 装配式配筋砌块砌体剪力墙结构设计应符合本章的有关规定,对本标准未作规定的尚应符合现行国家标准《砌体结构设计规范》GB 50003 和《建筑抗震设计规范》GB 50011 等的规定。

6.1.13 除本标准规定外,混凝土构件部分的设计尚应符合现行国家标准《混凝土结构设计规范》GB 50010 的规定。

6.1.14 除本标准规定外,部分框支剪力墙房屋的结构布置尚应符合国家现行标准《建筑抗震设计规范》GB 50011 和《高层建筑混凝土结构技术规程》JGJ 3 中的有关规定。

6.1.15 甲类建筑不宜采用本结构体系,当需采用时,应进行专门研究并采取高于本章规定的抗震措施。

6.2 作用及结构分析

6.2.1 装配式配筋砌块砌体结构的作用及作用组合应根据现行国家标准《建筑结构可靠性设计统一标准》GB 50068、《建筑结构荷载规范》GB 50009、《建筑抗震设计规范》GB 50011、《砌体结构工程施工规范》GB 50924 和《混凝土结构工程施工规范》GB 50666 等确定。

6.2.2 装配式配筋砌块砌体剪力墙结构的内力与位移计算应遵循如下原则：

1 装配式配筋砌块砌体剪力墙结构应进行整体作用效应分析，必要时尚应对结构中受力状况复杂部位进行更详细的分析；

2 结构分析所采用的计算简图应与结构受力状态相符，所选取的荷载、几何尺寸、边界条件、结构材料性能指标和构造措施等应明确可行，与施工或使用时的工作状态相符；

3 结构上可能的作用及其组合、初始应力、内力重分布和变形等，应符合结构的实际状况；

4 结构分析中所采用的各种假定和简化，应有理论、试验依据或经工程实践验证，计算结果的精度应符合工程设计的要求；

5 结构分析应满足力学平衡条件、变形协调条件、材料本构关系和构件的受力－变形关系的要求，装配式配筋砌块砌体剪力墙受压的应力与应变关系可按本标准附录B采用；

6 结构分析时可采用弹性分析方法或弹塑性分析方法。

6.2.3 装配式配筋砌块砌体剪力墙结构分析模型应符合下列规定：

1 应按空间体系进行结构整体分析，并应考虑评估结构单元的弯曲、轴向、剪切和扭转等变形对结构内力的影响；

2 进行结构整体分析时，对于现浇楼（屋）盖和装配整体式楼（屋）盖，均可假定楼（屋）盖在其自身平面内为无限刚性，当楼（屋）盖有较大洞口或局部会产生明显的平面内变形时，应在结构分析中考虑其影响；

3 结构的弹性分析方法可用于承载力极限状态和正常使用极限状态作用效应的分析。

6.2.4 风荷载标准值，应按下式计算：

$$w_k = \beta_z \mu_s \mu_z w_0 \qquad (6.2.4)$$

式中：w_k——风荷载标准值；

β_z——高度 z 处的风振系数，应按现行国家标准《建筑结构荷载规范》GB 50009 的规定采用；

μ_s——风荷载体型系数，应按现行国家标准《建筑结构荷载规范》GB 50009 的规定采用；

μ_z——风压高度变化系数，应按现行国家标准《建筑结构荷载规范》GB 50009 的规定采用；

w_0——基本风压值，应按现行国家标准《建筑结构荷载规范》GB 50009 的规定采用，取重现期 $R=50$ 对应的风压值；验算墙构件在安装中的稳定性时，取重现期 $R=10$ 对应的风压值。

6.2.5 抗震设防烈度为 6 度地区的装配式配筋砌块砌体剪力墙结构房屋，可不进行截面抗震验算，但应按本标准第 6 章规定采取抗震构造措施。

6.2.6 装配式配筋砌块砌体剪力墙结构应进行多遇地震作用下的抗震变形验算，其楼层内最大的弹性层间位移角不宜超过 1/800，底层不宜超过 1/1200。

6.2.7 预制混凝土空心砌块砌体墙构件及其他预制混凝土构件在翻转、运输、吊运、安装等短暂设计状况下的施工验算，应将构件自重标准值乘以动力系数 1.5 后作为等效静力荷载标准值。

6.2.8 装配式配筋砌块砌体剪力墙应根据结构分析所得的内力，分别按轴心受压、偏心受压或偏心受拉构件进行正截面承载力和斜截面承载力计算，并应根据结构分析所得的位移进行变形验算。

6.3 装配式配筋砌块砌体构件计算

Ⅰ 静力计算

6.3.1 装配式配筋砌块砌体构件正截面承载力计算，应按下列基本假定进行计算：

1 截面应变分布保持平面。

2 竖向钢筋与其毗邻的砌体、灌孔混凝土的应变相同。

3 不考虑砌体、灌孔混凝土的抗拉强度。

4 根据材料选择砌体、灌孔混凝土的极限压应变；当轴心受压时不应大于0.002；偏心受压时的极限压应变不应大于0.003。

5 纵向钢筋的应力取钢筋应变与其弹性模量的乘积，且不大于钢筋强度设计值，受拉钢筋的极限拉应变取0.01。

6 纵向受拉钢筋屈服与受压区砌体破坏同时发生时的相对界限受压区高度，应按下式计算：

$$\xi_b = \frac{0.8}{1 + \dfrac{f_y}{0.003E_s}} \qquad (6.3.1)$$

式中：ξ_b——相对界限受压区高度，为界限受压区高度与截面有效高度的比值；

f_y——钢筋抗拉强度设计值；

E_s——钢筋的弹性模量。

7 大偏心受压时，受拉钢筋可考虑在不大于 $h_0 - 1.5x$ 范围内屈服并参与工作。

6.3.2 轴心受压装配式配筋砌块砌体构件，其正截面受压承载力应按下列公式计算：

$$N \leqslant \varphi_{0g}(f_g A + 0.8 f'_y A'_s) \qquad (6.3.2\text{-}1)$$

$$\varphi_{0g} = \frac{1}{1 + 0.001\beta^2} \qquad (6.3.2\text{-}2)$$

式中：N——轴向力设计值；

f_g——灌孔砌体的抗压强度设计值，按本标准第4.4.2条采用；

f'_y——钢筋的抗压强度设计值；

A——构件的毛截面面积；

A'_s——全部竖向钢筋的截面面积；

φ_{0g}——轴心受压构件的稳定系数；

β——构件的高厚比。

注：计算高厚比时，配筋砌块砌体构件的计算高度 H_0 可取层高。

6.3.3 装配式配筋砌块砌体构件，当竖向钢筋仅配在竖孔中间时，其平面外偏心受压承载力可按下式进行计算。

$$N \leqslant \varphi f_g A \tag{6.3.3}$$

式中：N——轴向力设计值；

f_g——灌孔砌体的抗压强度设计值；

A——构件的毛截面面积；

φ——高厚比和轴向力偏心距对受压构件承载力的影响系数，可按现行国家标准《砌体结构设计规范》GB 50003 附录 D 的规定采用。

6.3.4 矩形截面偏心受压装配式配筋砌块砌体构件正截面承载力计算，应区分大小偏心破坏形态分别进行。

1 大小偏心受压界限：

当 $x \leqslant \xi_b h_0$ 时，为大偏心受压；

当 $x > \xi_b h_0$ 时，为小偏心受压。

式中：ξ_b——界限相对受压区高度，对 HPB300 级钢筋取 0.57，对 HRB335 级钢筋取 0.55，对 HRB400 或 RRB400 级钢筋取 0.52；

x——截面受压区高度；

h_0——截面有效高度。

2 大偏心受压时应按下列公式计算（图 6.3.4）：

$$N \leqslant f_g bx + f'_y A'_s - f_y A_s - \sum f_{si} A_{si} \tag{6.3.4-1}$$

$$Ne_N \leqslant f_g bx(h_0 - x/2) + f'_y A'_s (h_0 - a'_s) - \sum f_{si} S_{si} \tag{6.3.4-2}$$

式中：N——轴向力设计值；

f_g——灌孔砌体的抗压强度设计值；

f_y、f'_y——竖向受拉、压主筋的强度设计值；

b——截面宽度；

f_{si}——竖向分布钢筋的抗拉强度设计值；

A_s、A'_s——竖向受拉、压主筋的截面面积；

A_{si}——单根竖向分布钢筋的截面面积；

S_{si}——第 i 根竖向分布钢筋对竖向受拉主筋的面积矩；

e_N——轴向力作用点到竖向受拉主筋合力点之间的距离，按现行国家标准《砌体结构设计规范》GB 50003 第 8.2.4 条计算；

a_s'——受压区纵向钢筋合力点至截面受压区边缘的距离；

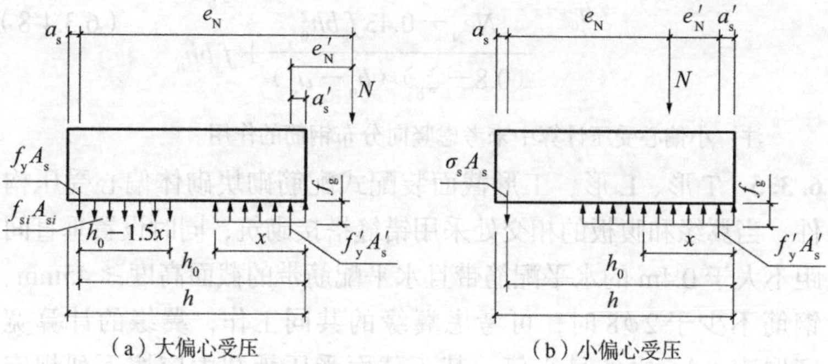

图 6.3.4　矩形截面偏心受压正截面承载力计算简图

注：a_s——受拉区纵向钢筋合力点至截面受拉区边缘的距离。

当受压区高度 $x < 2a_s'$ 时，其正截面承载力可按下式进行计算：

$$Ne_N' \leqslant f_y A_s (h_0 - a_s') \quad (6.3.4\text{-}3)$$

式中：e_N'——轴向力作用点至竖向受压主筋合力点之间的距离。

3　小偏心受压时，应按下列公式计算（图 6.3.4）：

$$N \leqslant f_g bx + f_y' A_s' - \sigma_s A_s \quad (6.3.4\text{-}4)$$

$$Ne_N \leqslant f_g bx (h_0 - x/2) + f_y' A_s' (h_0 - a_s') \quad (6.3.4\text{-}5)$$

$$\sigma_s = \frac{f_y}{\xi_b - 0.8}\left(\frac{x}{h_0} - 0.8\right) \quad (6.3.4\text{-}6)$$

注：当受压区竖向受压主筋无箍筋或无水平钢筋约束时，可不考虑竖向受压主筋的作用，即取 $f_y' A_s' = 0$。

4　矩形截面对称配筋砌块砌体小偏心受压时，也可近似按下列公式计算钢筋截面面积：

$$A_s = A_s' = \frac{Ne_N - \xi(1-0.5\xi)f_g bh_0^2}{f_y'(h_0 - a_s')} \quad (6.3.4\text{-}7)$$

其中相对受压区高度ξ，可按下式计算：

$$\xi = \frac{x}{h_0} = \frac{N - \xi_b f_g bh_0}{\dfrac{Ne_N - 0.43 f_g bh_0^2}{(0.8-\xi_b)(h_0 - a_s')} + f_g bh_0} + \xi_b \quad (6.3.4\text{-}8)$$

注：小偏心受压计算中未考虑竖向分布钢筋的作用。

6.3.5 T形、L形、工形截面装配式配筋砌块砌体偏心受压构件，当翼缘和腹板的相交处采用错缝搭接砌筑，同时设置垂直间距不大于0.4m的水平配筋带且水平配筋带的截面高度≥45mm、钢筋不少于2ϕ8时，可考虑翼缘的共同工作，翼缘的计算宽度取表6.3.5中的最小值，其正截面受压承载力应按下列规定计算：

1 当受压区高度$x \leqslant h_f'$时，应按宽度为b_f'的矩形截面计算；

2 当受压区高度$x > h_f'$时，则应考虑腹板的受压作用，应按下列公式计算：

1）大偏心受压时（图6.3.5）：

$$N \leqslant f_g[bx + (b_f' - b)h_f'] + f_y'A_s' - f_yA_s - \sum f_{si}A_{si} \quad (6.3.5\text{-}1)$$

$$Ne_N \leqslant f_g[bx(h_0 - x/2) + (b_f' - b)h_f'(h_0 - h_f'/2)] + f_y'A_s'(h_0 - a_s') - \sum f_{si}S_{si} \quad (6.3.5\text{-}2)$$

式中：b_f'——T形、L形、工形截面受压区的翼缘计算宽度；

h_f'——T形、L形、工形截面受压区的翼缘厚度。

2）小偏心受压时（图6.3.5）：

$$N \leqslant f_g[bx + (b_f' - b)h_f'] + f_y'A_s' - \sigma_sA_s \quad (6.3.5\text{-}3)$$

$$Ne_N \leqslant f_g[bx(h_0 - x/2) + (b_f' - b)h_f'(h_0 - h_f'/2)] + f_s'A_s'(h_0 - a_s') \quad (6.3.5\text{-}4)$$

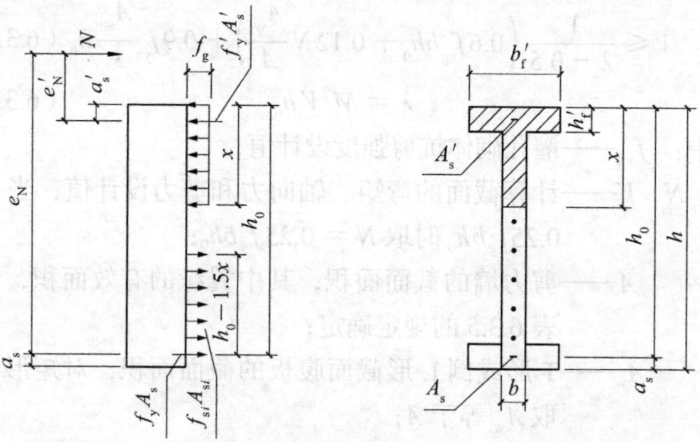

图 6.3.5　T 形截面偏心受压构件正截面承载力计算简图

表 6.3.5　T 形、L 形、工形截面偏心受压构件翼缘计算宽度 b'_f

考虑情况	T 形、工形截面	L 形截面
按构件计算高度 H_0 考虑	$H_0/3$	$H_0/6$
按腹板间距 L 考虑	L	$L/2$
按翼缘厚度 h'_f 考虑	$b+12h'_f$	$b+6h'_f$
按翼缘的实际宽度 b'_f 考虑	b'_f	b'_f

注：表中b为腹板宽度，构件的计算高度H_0，房屋底层取楼板顶面到剪力墙下端基础或地下室顶面的距离，对房屋其他楼层取该层层高。

6.3.6 偏心受压和偏心受拉装配式配筋砌块砌体剪力墙，其斜截面受剪承载力应根据下列情况进行计算：

1 剪力墙的截面应满足下式要求：

$$V \leqslant 0.25 f_g b h_0 \qquad (6.3.6\text{-}1)$$

式中：V——剪力墙的剪力设计值；

b——剪力墙截面宽度或 T 形、倒 L 形截面腹板宽度；

h_0——剪力墙截面的有效高度。

2 剪力墙在偏心受压时的斜截面受剪承载力，应按下列公式计算：

$$V \leqslant \frac{1}{\lambda - 0.5}\left(0.6 f_{vg} b h_0 + 0.12 N \frac{A_w}{A}\right) + 0.9 f_{yh} \frac{A_{sh}}{s} h_0 \quad (6.3.6\text{-}2)$$

$$\lambda = M / V h_0 \quad (6.3.6\text{-}3)$$

式中：f_{vg}——灌孔砌体抗剪强度设计值；

M、N、V——计算截面的弯矩、轴向力和剪力设计值，当 $N > 0.25 f_g b h_0$ 时取 $N = 0.25 f_g b h_0$；

A——剪力墙的截面面积，其中翼缘的有效面积，可按表 6.3.5 的规定确定；

A_w——T 形或倒 L 形截面腹板的截面面积，对矩形截面取 A_w 等于 A；

λ——计算截面的剪跨比，λ 小于 1.5 时取 1.5，当 λ 大于或等于 2.2 时取 2.2；

h_0——剪力墙截面的有效高度；

A_{sh}——配置在同一截面内的水平分布钢筋或网片的全部截面面积；

s——水平分布钢筋的竖向间距；

f_{yh}——水平钢筋的抗拉强度设计值。

3 剪力墙在偏心受拉时的斜截面受剪承载力应按下列公式计算：

$$V \leqslant \frac{1}{\lambda - 0.5}\left(0.6 f_{vg} b h_0 - 0.22 N \frac{A_w}{A}\right) + 0.9 f_{yh} \frac{A_{sh}}{s} h_0 \quad (6.3.6\text{-}4)$$

Ⅱ 抗 震 计 算

6.3.7 装配式配筋砌块砌体剪力墙承载力计算时，底部加强部位的截面组合剪力设计值应按下列规定调整：

$$V = \eta_{vw} V_w \quad (6.3.7)$$

式中：V——剪力墙截面组合的剪力设计值；

V_w——剪力墙截面组合的剪力计算值；

η_{vw}——剪力增大系数，抗震等级为一级时取 1.6，二级时取 1.4，三级时取 1.2，四级时取 1.0。

6.3.8 装配式配筋砌块砌体剪力墙的截面，应符合下列规定：

1 当剪跨比大于 2 时：

$$V \leqslant \frac{1}{\gamma_{RE}} 0.2 f_g b h_0 \qquad (6.3.8\text{-}1)$$

2 当剪跨比小于或等于 2 时：

$$V \leqslant \frac{1}{\gamma_{RE}} 0.15 f_g b h_0 \qquad (6.3.8\text{-}2)$$

式中：γ_{RE}——承载力抗震调整系数，取 0.85。

6.3.9 偏心受压装配式配筋砌块砌体剪力墙的斜截面受剪承载力，应按下列公式计算：

$$V \leqslant \frac{1}{\gamma_{RE}} \left[\frac{1}{\lambda - 0.5} \left(0.48 f_{vg} b h_0 + 0.1 N \frac{A_w}{A} \right) + 0.72 f_{yh} \frac{A_{sh}}{s} h_0 \right] \qquad (6.3.9\text{-}1)$$

$$\lambda = \frac{M}{V h_0} \qquad (6.3.9\text{-}2)$$

式中：f_{vg}——灌孔砌块砌体的抗剪强度设计值，按本标准第 4.1.6 条的规定采用；

M——考虑地震作用组合的剪力墙计算截面的弯矩设计值；

N——考虑地震作用组合的剪力墙计算截面的轴向力设计值，当 $N > 0.2 f_g bh$ 时，取 $N = 0.2 f_g bh$；

A——剪力墙的截面面积，其中翼缘有效面积可按本标准表 6.3.5 确定；

A_w——T 形或 I 形截面剪力墙腹板的截面面积，对于矩形截面取 $A_w = A$；

λ——计算截面的剪跨比，当 $\lambda \leqslant 1.5$ 时，取 $\lambda = 1.5$；当 $\lambda \geqslant 2.2$ 时，取 $\lambda = 2.2$；

A_{sh}——配置在同一截面内的水平分布钢筋的全部截面面积；

f_{yh}——水平钢筋的抗拉强度设计值；

f_g——灌孔砌体的抗压强度设计值；

s——水平分布钢筋的竖向间距；

γ_{RE}——承载力抗震调整系数，取0.85。

6.3.10 偏心受拉装配式配筋砌块砌体剪力墙，其斜截面受剪承载力，应按下列公式计算：

$$V_w \leqslant \frac{1}{\gamma_{RE}}\left[\frac{1}{\lambda-0.5}\left(0.48 f_{vg} b h_0 - 0.17 N \frac{A_w}{A}\right) + 0.72 f_{yh} \frac{A_{sh}}{s} h_0\right] \tag{6.3.10}$$

注：当 $0.48 f_{vg} b h_0 - 0.17 N \frac{A_w}{A} < 0$ 时，取 $0.48 f_{vg} b h_0 - 0.17 N \frac{A_w}{A} = 0$。

6.3.11 装配式配筋砌块砌体剪力墙连梁的剪力设计值，抗震等级一级～三级时应按下式调整，四级时可不调整：

$$V_b = \eta_v \frac{M_b^l + M_b^r}{l_n} + V_{Gb} \tag{6.3.11}$$

式中：V_b——连梁的剪力设计值；

η_v——剪力增大系数，一级时取1.3；二级时取1.2；三级时取1.1；

M_b^l、M_b^r——分别为梁左、右端考虑地震作用组合的弯矩设计值；

V_{Gb}——在重力荷载代表值作用下，按简支梁计算的截面剪力设计值；

l_n——连梁净跨。

6.4 预制混凝土空心砌块砌体墙构件设计

6.4.1 预制混凝土空心砌块砌体墙构件尺寸应符合下列规定：

1 墙片预制高度宜为本层内墙体高度减去墙顶部后浇梁高度；

2 墙片展开长度应综合考虑吊装方案、吊装工具以及起重机械的吊装能力，且不宜大于5m。

6.4.2 预制混凝土空心砌块砌体墙构件预制、安装、运输和存放阶段抗倾覆验算满足下式要求时，可不设临时支撑：

$$M_o \leqslant M_r \tag{6.4.2}$$

式中：M_o——风荷载标准值作用下预制混凝土空心砌块砌体墙构件的倾覆力矩；

M_r——预制混凝土空心砌块砌体墙构件自重作用下的抗倾覆力矩。

6.4.3 预制混凝土空心砌块砌体墙构件的抗倾覆力矩，可按下式计算（图 6.4.3）：

$$M_r = G_k x_0 \tag{6.4.3}$$

式中：G_k——预制混凝土空心砌块砌体墙构件的自重标准值；

x_0——预制混凝土空心砌块砌体墙构件重心至墙外边缘的距离。

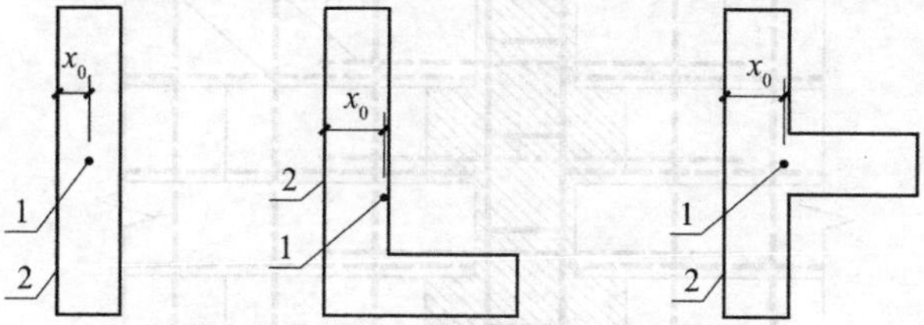

图 6.4.3　预制混凝土空心砌块砌体墙构件抗倾覆力矩计算示意

1—构件重心；2—墙外边缘

6.4.4 预制混凝土空心砌块砌体墙构件应绘制排块图，应标明端部连接、预留开关、插座、小型洞口、拉结件及埋件等的位置、尺寸。

6.4.5 预制混凝土空心砌块砌体墙构件的制作、运输和堆放、安装等短暂设计状况的验算，尚应符合现行国家标准《砌体结构工程施工规范》GB 50924 的规定；预制混凝土构件验算应符合现行国家标准《混凝土结构工程施工规范》GB 50666 的规定。

6.5 连 接 设 计

6.5.1 上下楼层预制混凝土空心砌块砌体墙构件的竖向钢筋应在非同截面连接。

6.5.2 同一楼层内相邻预制混凝土空心砌块砌体墙构件应采用连接柱完成水平钢筋连接和整体化连接（图 6.5.2），且应符合下列规定:

1 预制混凝土空心砌块砌体墙构件在连接柱处应预留 100mm 马牙槎；

2 预制混凝土空心砌块砌体墙构件间连接柱处凸出砌块（马牙槎）间净距宜取为 200mm；

3 连接柱内纵向钢筋不宜少于 4ϕ10，箍筋直径不宜小于 6mm，箍筋间距宜取 200mm。

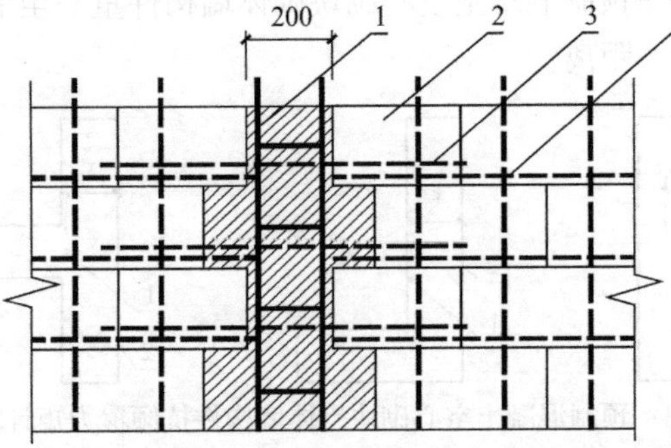

图 6.5.2 预制混凝土空心砌块砌体墙构件连接构造示意

1—连接柱；2—预制混凝土空心砌块砌体墙构件；3—水平连接钢筋；4—墙体水平钢筋

6.5.3 砌块砌体承重墙构件与砌块砌体填充墙构件之间宜实现刚柔结合连接（图 6.5.3）。

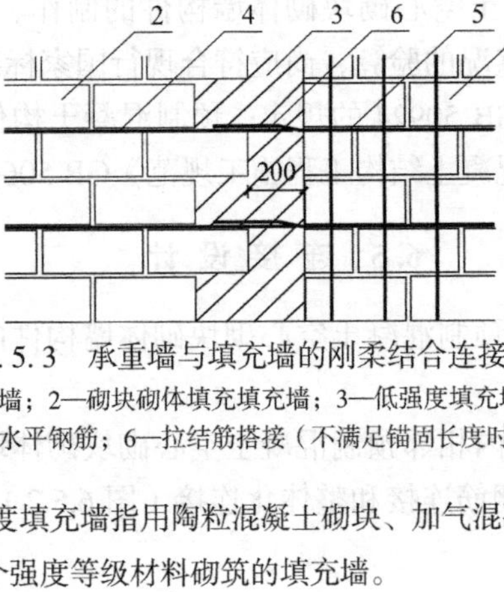

图 6.5.3 承重墙与填充墙的刚柔结合连接构造示意

1—砌块砌体承重墙；2—砌块砌体填充填充墙；3—低强度填充墙；4—填充墙拉结筋；5—承重墙水平钢筋；6—拉结筋搭接（不满足锚固长度时可在端部弯折）

注：低强度填充墙指用陶粒混凝土砌块、加气混凝土砌块等与混凝土砌块相比低一个强度等级材料砌筑的填充墙。

6.5.4 装配式配筋砌块砌体剪力墙结构应每层设置现浇钢筋混凝土圈梁，并符合下列规定：

1 圈梁宽度应与墙厚和装配式预应力连续空心楼板楼（屋）盖的预制板相协调；

2 圈梁纵向钢筋直径不应小于墙内水平分布钢筋直径，且不应小于4ϕ12，箍筋直径不应小于8mm，间距不应大于200mm；

3 圈梁底部混凝土嵌入砌块孔洞内深度不应小于30mm；

4 圈梁兼作过梁或连梁时，应按相应构件进行设计。

6.5.5 预制连梁宜与后浇圈梁形成叠合梁，配筋及构造要求应符合现行国家标准《混凝土结构设计规范》GB 50010有关叠合梁的规定。

6.5.6 预制混凝土叠合梁支承在预制混凝土空心砌块砌体墙构件上时，应在梁上预留与芯柱匹配的孔洞，保证芯柱内竖向钢筋连续及混凝土芯柱浇筑。

6.6 楼盖设计

6.6.1 装配式配筋砌块砌体剪力墙结构宜采用装配式预应力连续空心板楼（屋）盖或其他装配整体式楼（屋）盖。

6.6.2 装配式预应力连续空心板使用阶段应按多跨连续单向板设计，施工阶段按照单跨单向简支板计算。

6.6.3 装配式预应力连续空心板斜截面受剪承载力和叠合面受剪承载力按现行国家标准《混凝土结构设计规范》GB 50010附录H进行设计。

6.6.4 相邻板间应设置板间连接件，加强相邻预制板间的整体性和变形协调能力，并采用细石混凝土将板缝灌实，灌缝混凝土强度等级不低于C30。

6.6.5 对制作、运输和堆放、安装等短暂设计状况下的预制板验算，应符合现行国家标准《混凝土结构工程施工规范》GB 50666的有关规定。

6.7 构造要求

6.7.1 装配式配筋砌块砌体剪力墙的构造应符合下列要求：

1 水平钢筋应配置在砌块凹槽中，同层内应配置2根，且钢筋净距不应小于80mm；

2 竖向钢筋应在砌体孔洞内配置，墙厚为190mm时同一孔内配置数量不应多于1根；墙厚为290mm时同一孔内配置数量不应多于2根。

6.7.2 钢筋的选择应符合下列规定：

1 竖向钢筋直径不应小于10mm，且不宜大于25mm；

2 配置在墙体中的水平钢筋直径不应小于8mm，且不宜大于16mm；

3 设置在灰缝中的钢筋直径不宜大于灰缝厚度的1/2，且不应小于4mm。

6.7.3 装配式配筋砌块砌体剪力墙内钢筋的锚固和连接，应符合下列要求：

1 装配式配筋砌块砌体剪力墙内竖向和水平钢筋的搭接长度不应小于42倍钢筋直径，竖向钢筋的锚固长度不应小于35倍钢筋直径；有抗震要求时，搭接长度不应小于48倍钢筋直径，锚固长度不应小于42倍钢筋直径。

2 装配式配筋砌块砌体剪力墙内的水平钢筋，沿墙长应连续设置，水平钢筋可弯入端部灌孔混凝土中锚固，锚固长度不应小于12*d*，且不应小于150mm（图6.7.3）。

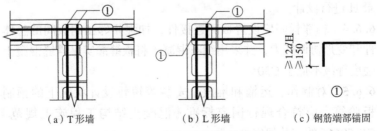

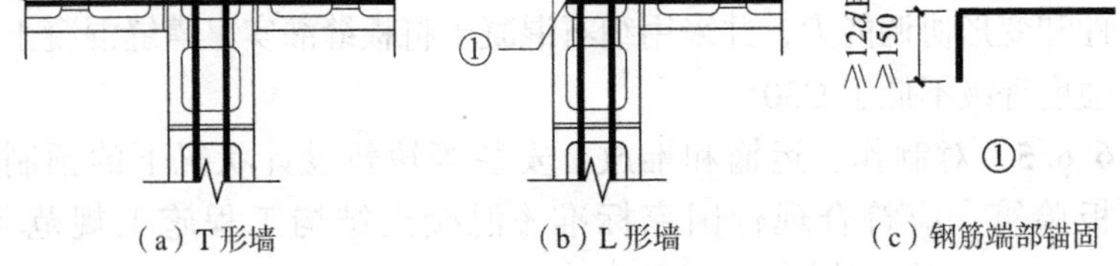

（a）T形墙　（b）L形墙　（c）钢筋端部锚固

图6.7.3　水平钢筋锚固构造示意

3 竖向钢筋的直径大于 16mm 时宜采用机械连接接头或焊接接头，接头质量应符合有关国家现行标准的规定。

6.7.4 装配式配筋砌块砌体剪力墙的水平和竖向钢筋应符合下列规定。

1 剪力墙水平钢筋的配筋构造应符合表 6.7.4-1 的规定：

表 6.7.4-1 剪力墙水平钢筋的配筋构造

抗震等级	最小配筋率（%）		最大间距（mm）	最小直径（mm）
	一般部位	加强部位		
一级	0.13	0.15	400	ϕ8
二级	0.13	0.13	600	ϕ8
三级	0.11	0.13	600	ϕ8
四级	0.10	0.10	600	ϕ8

注：9度时配筋率不应小于0.2%，在顶层和底部加强部位，最大间距不应大于400mm。

2 剪力墙竖向钢筋构造应符合表 6.7.4-2 的规定：

表 6.7.4-2 剪力墙竖向钢筋的配筋构造

抗震等级	最小配筋率（%）		最大间距（mm）	最小直径（mm）
	一般部位	加强部位		
一级	0.15	0.15	400	ϕ12
二级	0.13	0.13	600	ϕ12
三级	0.11	0.13	600	ϕ12
四级	0.10	0.10	600	ϕ12

注：9度时配筋率不应小于0.2%。

6.7.5 装配式配筋砌块砌体剪力墙，应按下列情况设置构造边缘构件：

1 应在墙肢端部至少 3 倍墙厚范围内的孔中设置不小于 ϕ12 通长竖向钢筋；

2　应在墙体交接处设置每孔不小于ϕ12的通长竖向钢筋，L形宜设置3个孔，T形宜设置4个孔，十字形宜设置5个孔。

6.7.6　装配式配筋砌块砌体剪力墙除应符合本标准第6.7.5的规定外，在底部加强部位和轴压比大于0.4的其他部位墙肢，其约束边缘构件应按下列规定予以加强：

1　约束边缘构件内水平箍筋或芯柱内螺旋箍筋应按表6.7.6的要求设置；

表6.7.6　剪力墙约束边缘构件的配筋要求

抗震等级	竖向钢筋最小直径		水平箍筋最小直径	水平箍筋最大间距
	底部加强部位	一般部位		
一级	1ϕ20	1ϕ18	ϕ8	200mm
二级	1ϕ18	1ϕ16	ϕ6	200mm
三级	1ϕ16	1ϕ14	ϕ6	200mm
四级	1ϕ14	1ϕ12	ϕ6	200mm

注：1　抗震等级为一级～三级时，边缘构件箍筋应采用不低于HRB400级钢筋。

2　当箍筋设置有困难时，可采用砌块竖孔设置螺旋箍筋方式。

2　约束边缘构件的墙肢端部第1个孔洞，L形墙交点处孔洞，T形墙交点处孔洞的竖向配筋应符合表6.7.6的要求；

3　约束边缘构件其余孔洞每孔应设置不小于ϕ12的竖向钢筋。

6.7.7　装配式配筋砌块砌体剪力墙小于1.2m×1.2m的洞口，洞口周边配筋构造应符合下列规定：

1　洞口两侧应在连续两孔内配置竖向钢筋，钢筋直径不应小于12mm；

2　应在洞口的底部和顶部系梁内设置不小于2ϕ10的水平钢筋，其伸入墙内的长度不应小于40d和600mm中的较大者。

6.7.8　装配式配筋砌块砌体剪力墙的轴压比，应符合下列规定：

1 一般墙体的底部加强部位，抗震等级为一级（9度）时不宜大于0.4，一级（8度）不宜大于0.5，二、三级不宜大于0.6，一般部位，均不宜大于0.6。

2 短肢墙体全高范围，抗震等级为一级时不宜大于0.50，二、三级不宜大于0.60；对于无翼缘的一字形短肢墙，其轴压比限值应相应降低0.1。

3 各向墙肢截面均为3倍～5倍墙厚的独立小墙肢，抗震等级为一级时不宜大于0.4，二级、三级不宜大于0.5；对于无翼缘的一字形独立小墙肢，其轴压比限值应相应降低0.1。

注：墙肢轴压比指墙在重力荷载代表值作用下产生的轴压力设计值与墙的全截面面积和灌孔混凝土砌块砌体抗压强度设计值乘积之比值。

6.7.9 装配式配筋砌块砌体剪力墙的基础与剪力墙结合处的受力钢筋，当房屋高度超过50m或一级抗震等级时宜采用机械连接或焊接。

6.7.10 呼吸式夹心保温墙系统内、外叶墙间采用分布式拉结件进行连接时，应符合下列要求：

1 拉结件可采用低碳钢丝制作，直径不应小于4mm；

2 拉结件应在水平同层布置、竖向梅花形布置，拉结件间的水平间距不宜大于800mm，竖向最大间距不宜大于600mm，抗震设防时竖向最大间距不宜大于400mm；

3 在洞口周边宜适当增加拉结件数量或在第一条竖向灰缝处，按竖向间距400mm布置。

6.7.11 呼吸式夹心保温墙系统采用预制外叶墙时，其上、下边应保证与内叶墙拉结的可靠性和耐久性。

6.7.12 填充墙应进行高厚比验算，墙体厚度不应小于90mm，空心砖、轻集料混凝土砌块、混凝土空心砌块强度等级不应低于MU5，砌筑砂浆的强度等级不应低于Mb5。

6.7.13 按本条方法增设芯柱的填充墙，高厚比验算时允许高厚比可乘以提高系数μ_c：

1 允许高厚比提高系数μ_c按下式计算：

$$\mu_c = 1 + \frac{b_c}{l} \quad (6.7.13)$$

式中：b_c——芯柱沿墙长方向的宽度，取0.2m；

l——芯柱的间距（m）。

当$b_c/l > 0.25$时，取$b_c/l = 0.25$；当$b_c/l < 0.08$时，取$b_c/l = 0$。

2 芯柱内应沿墙体厚度方向布置2根间距不小于80mm的竖向钢筋，并与上、下结构可靠连接；

3 芯柱施工时边砌筑边用Cb20灌孔混凝土灌实；

4 当墙高大于4m时，在墙高中部设置2ϕ6的水平通长钢筋系梁带，系梁高度不小于60mm，钢筋带以预留或化学锚固方式与两侧承重结构可靠连接。

6.7.14 部分框支剪力墙结构中底部加强区配筋砌块砌体剪力墙的水平及竖向钢筋的最大间距不应大于400mm。

6.7.15 部分框支剪力墙结构中混凝土部分的设计尚应符合国家现行标准《混凝土结构设计规范》GB 50010、《建筑抗震设计规范》GB 50011和《高层建筑混凝土结构技术规程》JGJ 3等的相关要求。

6.7.16 预应力连续空心板支座应符合下列规定：

1 板预制部分应伸入支座20mm～30mm，叠合部位下部每隔一孔设置ϕ8构造钢筋（图6.7.16-1）。

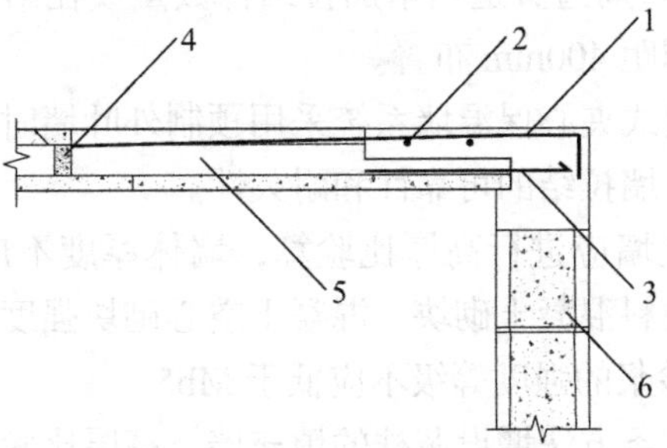

图6.7.16-1 端部支座构造示意

1—负弯矩钢筋；2—构造分布筋；3—下部构造钢筋；4—封堵；
5—预制空心板；6—承重墙或梁

2　端支座处，负弯矩钢筋应在圈梁中可靠锚固。

3　中间支座处，负弯矩钢筋在圈梁纵筋上方配置，与圈梁纵筋可靠绑扎；当支座两边负弯矩钢筋错位时，可采取搭接方式连接（图 6.7.16-2）。

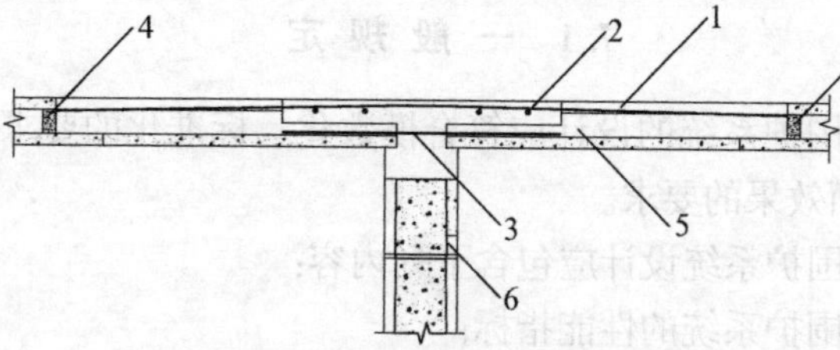

图 6. 7. 16-2　中间支座构造示意

1—负弯矩钢筋；2—构造分布筋；3—下部构造钢筋；4—封堵；5—预制空心板；6—承重墙或梁

4　预应力连续空心板侧边靠梁（墙）应按图 6.7.16-3 配置构造钢筋，不宜小于$\phi 6@800$。

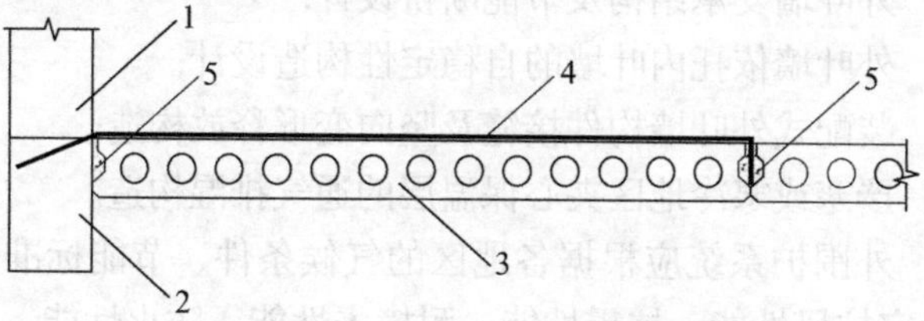

图 6. 7. 16-3　板侧边构造配筋示意图

1—墙；2—梁或圈梁；3—预制空心板；4—构造钢筋；5—细石混凝土灌缝

6. 7. 17　预制板板缝不宜小于 20mm，局部叠合空心板负弯矩筋平均间距应满足现行国家标准《混凝土结构设计规范》GB 50010 的构造要求。

7 外围护系统设计

7.1 一般规定

7.1.1 外围护系统的设计应符合模数化、标准化的要求，并满足建筑立面效果的要求。

7.1.2 外围护系统设计应包含下列内容:

1 外围护系统的性能指标;

2 门窗安装及洞口周边、节能、防水及防火构造;

3 阳台、空调板、装饰件等连接构造;

4 各构造层的变形协调与防裂构造;

5 屋面支承结构的节能构造。

7.1.3 呼吸式夹心保温墙系统设计应包含下列内容:

1 外叶墙支承结构及节能断桥设计;

2 外叶墙依托内叶墙的自稳定性构造设计;

3 装配式外叶墙构件接缝及竖向变形释放构造;

4 严寒或寒冷地区夹心保温层的通气排湿构造。

7.1.4 外围护系统应根据各地区的气候条件、节能标准等条件综合确定抗风性能、抗震性能、耐撞击性能、防火性能、水密性能、气密性能、隔声性能、热工性能和耐久性能要求，屋面系统尚应满足结构性能要求。

7.1.5 采用预制外叶墙时，应符合下列要求:

1 当主体结构承受50年重现期风荷载或多遇地震作用时，预制墙不得因层间位移而发生塑性变形、墙面破损和零件脱落等;

2 在罕遇地震作用下，预制墙不得掉落或倒塌。

7.1.6 采用预制外叶墙时，其与主体结构的连接应符合下列规定:

1 支承和拉结节点应安全可靠、受力明确、构造合理、安装方便；

2 连接节点应具有足够的承载力和适应主体结构变形的能力；

3 连接件的耐久性应满足设计使用年限要求。

7.1.7 外围护墙接缝设计应符合下列规定：

1 接缝处应根据当地气候条件合理选用构造防水、材料防水相结合的防排水设计；

2 接缝处以及与主体结构的连接处应设置防止或减少形成热（冷）桥的构造措施。

7.2 呼吸式夹心保温墙系统设计

7.2.1 呼吸式夹心保温墙系统外叶墙选用的混凝土砌块，强度等级不应低于 MU10。

7.2.2 严寒及寒冷地区的呼吸式夹心保温墙系统应设置能实现高效保温层自然通气的排湿构造，保证夹心墙的自然通气排湿功能。

7.2.3 呼吸式夹心保温墙系统的呼吸式外叶墙，支承结构宜采用有效断桥构造，减少建筑热桥效应。

7.2.4 呼吸式夹心保温墙系统的高效保温材料应通过压紧措施使之贴合于内叶墙外表面。

7.2.5 呼吸式夹心保温墙系统在门窗洞口周边等开口处应采用保证防火、防水功能并满足节能要求的建筑构造做法。

7.2.6 装配式配筋砌块砌体建筑外围护系统除采用呼吸式夹心保温墙系统外，尚可采用其他节能保温技术和产品，但应符合国家现行有关标准的规定。

7.3 外　门　窗

7.3.1 外门窗应采用工厂生产的标准化系列产品。

7.3.2 外门窗应在内叶墙设置预埋件固定，门窗洞口与外墙窗框接缝处的气密性能、水密性能和保温性能不应低于外门窗的有关性能。

7.3.3 当节能要求较高，需要采用双框多玻外窗时，其节点构造应符合受力和节能的有关要求。

7.3.4 铝合金门窗的设计应符合现行行业标准《铝合金门窗工程技术规范》JGJ 214 的相关规定。

7.3.5 塑料门窗的设计应符合现行行业标准《塑料门窗工程技术规程》JGJ 103 的相关规定。

7.3.6 外门窗的设计尚应符合现行行业标准《装配式住宅建筑设计标准》JGJ/T 398 的相关规定。

7.4 屋　面

7.4.1 屋面应根据现行国家标准《屋面工程技术规范》GB 50345 中规定的屋面防水等级进行防水设防，并应具有良好的排水功能，宜设置有组织排水系统。

7.4.2 屋面应符合现行国家标准《民用建筑设计统一标准》GB 50352 中关于屋面的相关规定。

7.4.3 当采用坡屋面时，尚应符合现行国家标准《坡屋面工程技术规范》GB 50693 的相关规定。

8 设备与管线系统设计

8.1 一 般 规 定

8.1.1 装配式配筋砌块砌体建筑的设备与管线宜与主体结构相分离，应方便维修更换，且不应影响主体结构安全。

8.1.2 装配式配筋砌块砌体建筑的设备与管线宜采用集成化技术、标准化设计，并与装配化施工相协调。

8.1.3 设备和管线设计应符合一体化设计要求，应强调预埋预留，禁止在预制混凝土空心砌块砌体墙构件或预制混凝土构件安装就位后凿剔沟、槽。

8.1.4 装配式配筋砌块砌体建筑的设备与管线设计宜采用建筑信息模型（BIM）技术，当进行碰撞检查时，应明确被检测模型的精细度、碰撞检测范围及规则。

8.1.5 给水排水、供暖、通风、空调及电气等管线应进行综合设计，公共管线、阀门、检修口、计量仪表、电表箱、配电箱、智能化配线箱等，应统一集中设置在公共区域。

8.1.6 墙体内预留管线应在板顶向下统一布设，不应自板顶向上留设。

8.1.7 电气和智能化系统的竖向主干线宜通过填充墙部位或增设连接柱或通过集中管井布设。

8.1.8 装配式配筋砌块砌体建筑的设备与管线穿越楼板和墙体时，应采取防水、防火、隔声、密封等措施，防火封堵应符合现行国家标准《建筑设计防火规范》GB 50016 的有关规定。

8.1.9 装配式配筋砌块砌体建筑的设备与管线的抗震设计应符合现行国家标准《建筑机电工程抗震设计规范》GB 50981 的有关规定。

8.1.10 除本标准外，设备与管线设计应符合现行行业标准《装配式住宅建筑设计标准》JGJ/T 398 的相关规定。

8.2 给水排水

8.2.1 装配式配筋砌块砌体建筑的给水系统应符合下列规定:

1 给水系统管道与部品的接口形式及位置应便于检修更换，并应采取措施避免结构或温度变形对给水管道接口产生影响;

2 给水分水器与用水器具的管道接口应一对一连接;

3 宜采用装配式的管线及其配件连接。

8.2.2 装配式配筋砌块砌体建筑应选用耐腐蚀、使用寿命长、降噪性能好、便于安装及维修的管材、管件，以及连接可靠、密封性能好的管道阀门设备。

8.3 供暖、通风、空调及燃气

8.3.1 装配式配筋砌块砌体建筑的室内通风设计应符合国家现行标准《民用建筑供暖通风与空气调节设计规范》GB 50736 和《建筑通风效果测试与评价标准》JGJ/T 309 的有关规定。

8.3.2 装配式配筋砌块砌体建筑应采用适宜的节能技术，维持良好的热舒适性，降低建筑能耗，减少环境污染，并充分利用砌块孔洞形成的烟囱效应实现自然通风。

8.3.3 装配式配筋砌块砌体建筑的燃气系统设计应符合现行国家标准《城镇燃气设计规范》GB 50028 的有关规定。

8.4 电气和智能化

8.4.1 装配式配筋砌块砌体建筑的电气和智能化设备与管线的设计，应满足预制构件工厂化生产、施工安装及使用维护的要求。

8.4.2 装配式配筋砌块砌体建筑的电气和智能化设备与管线设置及安装应符合下列规定:

1 预埋管线宜优先在砌块孔洞内留置或留置管道井实现装配化;

2　在预制混凝土空心砌块砌体墙构件上设置的开关、电源插座、信息插座及其必要的接线盒、连接管等应在砌块上做好开孔，在墙片制作时预留；

3　墙体两侧的电气和智能化接线盒不应在两侧对位设置。

8.4.3　当利用承重墙内的竖向钢筋作为防雷引下线时，该钢筋应采用焊接连接，并应设置永久性标识标记。

9 内装系统设计

9.1 一 般 规 定

9.1.1 装配式配筋砌块砌体建筑的内装设计应遵循标准化设计和模数协调的原则，宜采用建筑信息模型（BIM）技术与结构系统、外围护系统、设备管线系统进行一体化设计。

9.1.2 装配式配筋砌块砌体建筑的内装设计宜采用管线分离，并满足内装部品的连接、检修更换、设备及管线使用年限的要求。

9.1.3 装配式配筋砌块砌体建筑可采用免抹灰或薄抹灰工艺做基面处理，满足各类装配式内装面层需求。

9.1.4 装配式配筋砌块砌体建筑在内装设计应符合国家现行标准《建筑内部装修设计防火规范》GB 50222、《民用建筑工程室内环境污染控制标准》GB 50325、《民用建筑隔声设计规范》GB 50118 和《住宅室内装饰装修设计规范》JGJ 367 等的相关规定。

9.2 内装部品设计

9.2.1 厨房、卫生间设计应与预制构件的深化设计紧密配合，合理预留厨房电气设施的位置和接口，预留热水器及排烟管道的安装及留孔条件，管线应集中设置并便于检修。

9.2.2 集成厨房和集成卫生间设计应符合现行行业标准《装配式住宅建筑设计标准》JGJ/T 398 的相关规定。

10 构件制作、检验与运输

10.1 一 般 规 定

10.1.1 配筋砌块砌体专用砌块的尺寸允许偏差应符合表 10.1.1-1 的规定，外观质量应符合表 10.1.1-2 的规定，孔洞率和对孔率应符合表 10.1.1-3 的规定。

表 10.1.1-1 专用砌块尺寸允许偏差

项目名称	技术指标（mm）
长度	±2
宽度	±2
高度	＋3，−2

表 10.1.1-2 专用砌块外观质量

项目名称			技术指标
弯曲		不大于	2mm
缺棱掉角	个数	不超过	1个
	三个方向投影尺寸的最大值	不大于	20mm
裂纹延伸的投影尺寸累计		不大于	30mm

表 10.1.1-3 专用砌块的孔洞率和对孔率

项目名称	技术指标
孔洞率	≥ 45%
对孔率	≥ 90%

10.1.2 预制混凝土构件用混凝土的工作性能应根据产品类别

和生产工艺要求确定，构件用混凝土原材料及配合比设计应符合国家现行标准《混凝土结构工程施工规范》GB 50666、《普通混凝土配合比设计规程》JGJ 55 和《高强混凝土应用技术规程》JGJ/T 281 等的规定。

10.1.3 预制混凝土空心砌块砌体墙构件中水平钢筋的加工应符合现行国家标准《砌体结构工程施工规范》GB 50924、《砌体结构工程施工质量验收规范》GB 50203 等的有关规定。

10.1.4 预制混凝土构件用钢筋的加工、连接与安装应符合现行国家标准《混凝土结构工程施工规范》GB 50666 和《混凝土结构工程施工质量验收规范》GB 50204 等的有关规定。

10.1.5 委托预制或自行预制墙构件时，混凝土小型空心砌块的进场验收可按本标准附录 F 表 F.0.1，预制混凝土空心砌块墙构件检验可按本标准附录 F 表 F.0.2。

10.2 预制混凝土空心砌块砌体墙构件制作

10.2.1 预制混凝土空心砌块砌体墙构件制作前，应详细掌握构件平、立面排块图，检查选用砌块的指标和种类。

10.2.2 专用砌块应采购龄期不小于 28d 的产品，并应进行砌块规格、尺寸、完整性、强度、孔洞率、对孔率的二次复检，相应指标的试验和检验可按本标准附录方法进行。

10.2.3 对不满足抗倾覆验算要求的预制混凝土空心砌块砌体墙构件，制作及安装时应采取可靠的临时支撑措施。

10.2.4 专用砌块进场后，不同强度等级的砌块产品应分类堆放，并设置明显标识。

10.2.5 预制混凝土空心砌块砌体墙构件的预制底座，应符合下列要求：

1 应预留绑扎墙片时所需要的操作空间；

2 应有足够的强度和刚度，并应有利于保证墙体砌筑时的垂直度和平整度；

3 应有利于清除砌筑过程中产生的残余砂浆。

10.2.6 预制混凝土空心砌块砌体墙构件制作时，应符合下列规定：

1 专用砌块应保持干燥，不应浇水或浸泡施工；

2 应按照排块图要求正确使用砌块块型，并采用对孔错缝砌筑方法进行砌筑；

3 砌筑时应严格区分砌块铺浆面和坐浆面，应使铺浆面朝上；

4 砌筑时应按图中水平钢筋的布置要求，边砌筑边正确设置水平钢筋，并用水平钢筋限位器固定其位置；

5 砌筑时应按设计要求留置预埋件、预留洞口等；

6 应采取有效措施清除砌块内壁、水平钢筋及墙片底部的砌筑残留砂浆，保证混凝土空心砌块墙内部无多余砂浆。

10.2.7 预制混凝土空心砌块砌体墙构件的砌筑皮数、灰缝厚度、高度应与设计要求一致。

10.2.8 预制混凝土空心砌块砌体墙构件制作时，应有水平钢筋设置的检查记录，包括钢筋牌号、规格、数量以及水平钢筋限位器设置情况等。

10.2.9 预制混凝土空心砌块砌体墙构件交付时，应设定包含如下内容的标识：项目名称、构件编号、使用楼层、使用部位、构件重量、砌筑日期、几何尺寸、埋件留置、水平钢筋配置、合格状态、操作人员和检验员等信息。

10.3 混凝土构件制作

10.3.1 预制混凝土构件模具除应满足承载力、刚度和整体稳定性要求外，尚应符合下列规定：

1 应满足预制混凝土构件质量、生产工艺、模具组装与拆卸、周转次数等要求；

2 应满足预制混凝土构件预留孔洞、插筋、预埋件的安装定位要求；

3 预应力构件的模具应根据设计要求预设反拱。

10.3.2 在混凝土浇筑前应进行预制混凝土构件的隐蔽工程检

查，检查项目应包括下列内容：

1 钢筋的牌号、规格、数量、位置、间距等；

2 纵向受力钢筋的连接质量；

3 预埋件、吊环的规格、数量、位置等；

4 钢筋的混凝土保护层厚度；

5 预埋管线、线盒的规格、数量、位置及固定措施。

10.3.3 应根据混凝土的品种、性能、预制混凝土构件的规格形状等因素，采用合理的振捣方式，保证混凝土的振捣质量。

10.3.4 叠合构件预制部分制作时，应按设计要求进行粗糙面处理；设计无具体要求时，可采用预留、拉毛或凿毛等方法保证结合面受力。

10.3.5 生产预制局部叠合空心板应符合行业相关标准的技术要求，承载力检验应按未进行二次改造的预制板成品进行。

10.4 构件检验

10.4.1 预制混凝土空心砌块砌体墙构件进场时应对标识信息进行复核，并做好二次标识。

10.4.2 预制混凝土空心砌块砌体墙构件制作完成后应进行检验，内容包括：

1 墙片的长度、高度、垂直度、相交角度、表面平整度和水平灰缝平直度的允许偏差值，应符合表 10.4.2 的规定。

表 10.4.2 预制混凝土空心砌块砌体墙构件尺寸允许偏差及检验方法

序号	项目	允许偏差	检验方法	抽检数量
1	墙片长度	±5mm	尺量	每个墙肢 1 处
2	墙片高度	±15mm	尺量	每个墙肢 1 处
3	墙片垂直度	±5mm	经纬仪、吊线	每个墙肢 1 处
4	墙片相交角度	±0.25°	量取或计算	每个墙片 1 处
5	表面平整度	5mm	2m 靠尺、楔形塞尺	每个墙肢 1 处
6	水平灰缝平直度	10mm	拉线和尺	每个墙肢 1 处

2 水平灰缝厚度和竖向灰缝宽度，不得大于12mm，也不应小于8mm；水平灰缝无断点，竖向灰缝饱满度不应小于90%；每检验批抽检不得少于5处；用尺量5皮砌块的高度和2m长度的墙体进行折算。

3 预埋件的数量、质量及预留口位置、尺寸。

10.4.3 预制混凝土构件的外观质量不应有严重缺陷，且不宜有一般缺陷。对已出现的一般缺陷，应进行处理，并应重新检验，合格后方可使用。

10.4.4 预制混凝土构件的允许尺寸偏差及检验方法应符合表10.4.4的规定，当构件有粗糙面时，与粗糙面相关的尺寸允许偏差可以适当放松。

表 10.4.4 预制混凝土构件尺寸允许偏差及检验方法

项目			允许偏差（mm）	检验方法
长度	板、梁	＜12m	±5	尺量检查
		12m～18m	±10	
		≥18m	±20	
宽度、高度	板、梁截面		±5	钢尺量一端及中部，取其中偏差绝对值较大处
表面平整度	板、梁		5	2m靠尺和塞尺检查
侧向弯曲	板、梁		$l/750$，≤20	拉线、钢尺量最大侧向弯曲处
翘曲	板		$l/750$	调平尺在两端量测
对角线差	板		10	钢尺量两个对角线
预埋件	预埋件中心线位置		5	尺量检查
	预埋螺栓中心线位置		2	
预留钢筋	中心线位置		3	尺量检查
	外露长度		±5	

注：l为构件长度（mm）。

10.4.5 预制板端切薄部分如出现裂缝，应采取有效措施，不得直接使用。

10.5 运输与存放

10.5.1 应制定预制混凝土空心砌块砌体墙构件及预制混凝土构件的运输与存放工作方案。

10.5.2 预制混凝土空心砌块砌体墙构件运输应按构件吊装要求进行打包，并采取如下措施，保证运输期间构件的完好：

1 装卸构件时应采取保证车体平衡的措施；

2 运输时构件应采取可靠固定措施，使构件保持直立姿态，防止构件移动、倾倒。

10.5.3 预制混凝土空心砌块砌体墙构件运输和存放应符合下列规定：

1 构件存放场地应平整、坚实，并有排水措施；

2 构件以直立姿态运输和存放时，对不满足稳定要求的墙片应采取固定措施。

10.5.4 混凝土构件的运输车辆应满足构件尺寸和载重要求，装卸与运输时应符合下列规定：

1 装卸构件时，应采取保证车体平衡的措施；

2 运输构件时，应采取防止构件移动、倾倒、变形等的固定措施；

3 运输构件时，应采取防止构件损坏的措施，对构件边角部或链索接触处的混凝土，宜设置保护衬垫。局部叠合空心板应采取专门保护措施，避免预制板端部破损。

10.5.5 混凝土预制构件堆放应符合下列规定：

1 堆放场地应平整、坚实，并应有排水措施；

2 预埋吊件应朝上，标识宜朝向堆垛间通道；

3 构件支垫应坚实，垫块在构件下的位置宜与脱模、吊装时的起吊位置基本一致；

4 重叠堆放构件时，每层构件间的垫块应上下对齐，堆垛层数应根据构件、垫块的承载力确定，并应根据需要采取防止堆垛倾覆的措施；

5 堆放预应力空心板时，板之间上下宜对齐，钢筋位于底面。

11 施　　工

11.1 一 般 规 定

11.1.1 装配式配筋砌块砌体剪力墙结构施工前应编制专门的施工组织设计和技术方案，并对吊装作业人员进行岗位培训。

11.1.2 吊装用吊具及绑扎用具，应按国家现行有关标准的规定进行设计、验算或试验检验。

11.1.3 预制混凝土空心砌块砌体墙构件制作完 24h 且砂浆强度达到 Mb2.5 以上时，方可进行吊装作业。

11.1.4 浇筑灌孔混凝土宜按楼层高度分次灌注、逐孔振捣方法完成，一次灌注振捣高度不宜超过 1.8m。

11.1.5 应限定预制混凝土空心砌块砌体墙构件内水平钢筋位置，其在同一楼层内的水平投影应保证基本重合。

11.1.6 在浇筑混凝土过程中应对竖向钢筋采取合理限位措施，保证其位置准确。

11.1.7 竖向钢筋可以采用国家现行规范允许的方式，应采用非同截面连接方式实现错位连接。

11.1.8 装配式配筋砌块砌体结构的施工全过程中，应采取保护措施，防止预制构件及其上的预埋件损伤或污染。

11.1.9 装配式配筋砌块砌体结构施工过程中应采取有效措施防止砌块脱落、开裂或松动，并应符合现行行业标准《建筑施工高处作业安全技术规范》JGJ 80、《建筑机械使用安全技术规程》JGJ 33 和《施工现场临时用电安全技术规范》JGJ 46、《建筑施工起重吊装工程安全技术规范》JGJ 276 等的有关规定。

11.2 安 装 准 备

11.2.1 吊装前，应采用经检定的钢尺校核建筑物放线尺寸，允许偏差值应符合表 11.2.1 的规定。

表 11. 2. 1　建筑物放线尺寸允许偏差

长度 L、宽度 B（m）	允许偏差（mm）
L（或 B）≤30	±5
30＜L（或 B）≤60	±10
60＜L（或 B）≤90	±15
L（或 B）＞90	±20

11. 2. 2　预制混凝土空心砌块砌体墙构件的绑扎系统应符合下列要求:

1　绑扎系统应安全可靠、简单方便，具有一定的预紧力、能重复使用和便于更换;

2　绑扎系统应能有效防止墙体构件吊起时在自重作用下墙体开裂和砌块脱落;

3　绑扎系统应为预制混凝土空心砌块砌体墙构件安装施工预留作业条件。

11. 2. 3　预制混凝土空心砌块砌体墙构件吊装前，应检验下列内容:

1　检查吊点位置和安全可靠性;

2　检查吊装工具的数量、种类、性能和磨损情况;

3　检查绑扎绳的状态和松紧度;

4　检查砌块砌体竖向孔洞和水平孔洞的通畅性;

5　检查墙片端部及角部砌块绑扎的有效性;

6　检查墙体绑扎位置与预留安装作业的协调性。

11. 2. 4　预制混凝土空心砌块砌体墙构件安装前，应检查下列内容:

1　检查墙片编号与楼面墙片编号的一致性;

2　楼面墙体竖向钢筋的数量、位置、规格、牌号以及连接质量;

3 检查楼面墙片就位处的混凝土强度、钢筋位置、粗糙面质量、平整度和清洁情况。

11.2.5 装配式配筋砌块砌体剪力墙结构的灌孔混凝土以及后浇混凝土部位，在浇筑前应进行隐蔽工程验收。验收项目应包括下列内容：

1 钢筋的牌号、规格、数量、位置、间距等；

2 纵向受力钢筋的连接方式、接头位置、接头数量、接头面积百分率、搭接长度等；

3 纵向受力钢筋的锚固方式及长度；

4 箍筋、横向分布钢筋的牌号、规格、数量、位置、间距、箍筋弯钩的弯折角度及平直段长度。

11.3 预制混凝土空心砌块砌体墙构件安装

11.3.1 预制混凝土空心砌块砌体墙构件在吊装就位和穿筋作业过程中，楼面作业人员应符合安全作业的有关规定。

11.3.2 承重预制混凝土空心砌块砌体墙构件，安装面不得铺设砂浆，就位后应在保持吊装状态下，完成墙体构件位置和垂直度的调整、校准，合格后方可移除绑扎系统，并用砂浆对墙体底部缝隙进行封堵。

11.3.3 预制混凝土空心砌块砌体墙构件吊装前，本层竖向钢筋应与下层预留锚筋进行可靠连接。

11.3.4 应采取措施保证预埋的竖向钢筋准确定位，钢筋中心偏离砌块孔洞中心的距离不宜大于±20mm。

11.3.5 预制混凝土空心砌块砌体墙构件间连接时，应预留砌体马牙槎，构件间的水平钢筋应通过附加钢筋，满足水平钢筋的搭接连接要求。

11.3.6 墙体底部接缝宜设置在混凝土构件顶面，满足下列施工要求时可不进行接缝受剪承载力验算：

1 墙体安装部位后浇混凝土上表面进行了界面凿毛处理；

2 墙体安装部位在底部进行了砂浆的有效封堵，保证浇筑灌孔混凝土时不发生漏浆现象；

3 墙片底与楼面间隙不大于 20mm，封堵砂浆不多占用砌块竖向孔洞空间。

11.4 混凝土构件安装

11.4.1 受弯叠合构件的装配化施工应符合下列规定：

1 应根据设计要求或施工方案设置临时支撑；

2 施工荷载宜均匀布置，施工期间应验算预制构件的承载力、裂缝和变形；

3 混凝土浇筑前，应按设计要求检查结合面的粗糙度及预制构件的预留钢筋；

4 叠合构件应在后浇混凝土强度达到设计要求后，方可拆除临时支撑。

11.4.2 安装预制梁等受弯构件时，端部的搁置长度应符合设计要求，端部与支承构件之间应坐浆或设置支承垫块，坐浆或支承垫块的厚度不宜大于 20mm。

11.4.3 安装预制预应力空心板时，预制板端在支承构件上的支承长度不宜小于 30mm，不应小于 20mm，应采用专用临时支承工具支承在全截面部位端部，使预制板离开支承构件 5mm 以上，待叠合混凝土强度达到设计要求的 75% 以上时，方可拆除板下临时支承（图 11.4.3）。

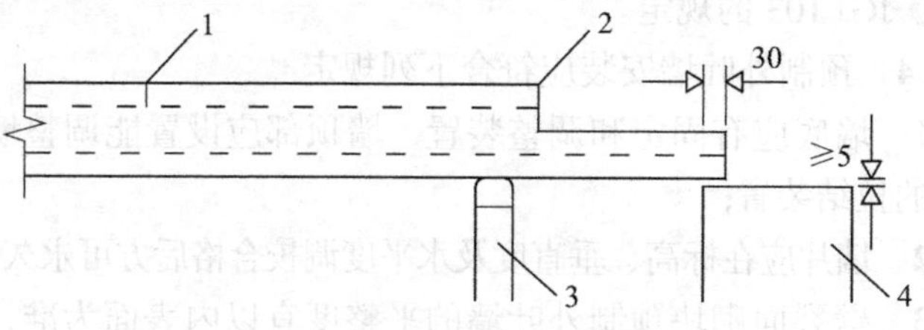

图 11.4.3 预制板支承示意

1—第一次变截面处；2—第二次变截面处；3—临时支承；4—梁（或墙）

11.4.4 预制板间的板缝应以连接器连成整体并采用细石混凝土

灌缝，当楼板厚度存在偏差时，应塞入薄钢片找平（图 11.4.4）。

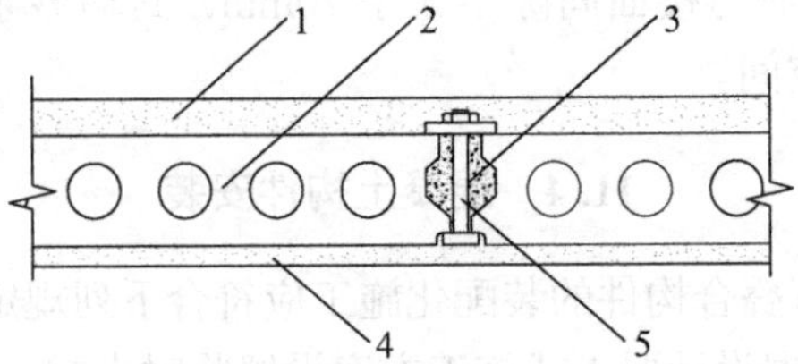

图 11. 4. 4　预制板缝做法

1—垫层；2—空心板；3—细石混凝土灌缝；4—顶棚抹灰；5—连接器

11. 5　部 品 安 装

11. 5. 1　装配式混凝土建筑的部品安装宜与主体结构同步进行，可在安装部位的主体结构验收合格后进行，并应符合国家现行有关标准的规定。

11. 5. 2　部品安装前应编制专项施工方案，对部品、零配件及辅助材料品种、规格、尺寸和外观按照要求进行检查，安装部位应清理干净并测量放线。

11. 5. 3　外门窗安装应符合下列规定：

1　铝合金门窗安装应符合现行行业标准《铝合金门窗工程技术规范》JGJ 214 的规定；

2　塑料门窗安装应符合现行行业标准《塑料门窗工程技术规程》JGJ 103 的规定。

11. 5. 4　预制外叶墙安装应符合下列规定：

1　墙底应有固定和调整装置，墙顶部应设置能调整墙片垂直度的拉结装置；

2　墙片应在标高、垂直度及水平度调校合格后方可永久固定；

3　劈裂面砌块预制外叶墙的平整度宜以内表面为准，模具面砌块预制外叶墙的平整度宜以外表面为准。

11. 5. 5　预制填充墙安装应符合下列规定：

1　预制填充墙的底部灰缝砂浆施工应采取满铺坐浆方式，

不宜采用填缝灌浆方式;

2 预制填充墙的每皮高度应与承重墙基本保持一致;

3 预制填充墙与承重墙相接处的端部应做成马牙槎形式，方便拉结筋锚固。

11.6 设备与管线安装

11.6.1 设备与管线施工质量应符合设计文件和现行国家标准《建筑给水排水及采暖工程施工质量验收规范》GB 50242、《通风与空调工程施工质量验收规范》GB 50243、《智能建筑工程施工规范》GB 50606、《智能建筑工程质量验收规范》GB 50339、《建筑电气工程施工质量验收规范》GB 50303 和《火灾自动报警系统施工及验收标准》GB 50166 的规定。

11.6.2 管线宜设置在墙和板的孔洞中，在后浇区混凝土中埋置的管线，应设置在负弯矩钢筋下方，管线不宜交叉布置。

11.6.3 防雷引下线及防侧击雷等电位连接施工应与预制构件安装配合。利用预制墙片内钢筋作为防雷引下线、接地线时，应按设计要求进行预埋和跨接，并进行引下线导通性试验，保证连接的可靠性。

12 工 程 验 收

12.1 一 般 规 定

12.1.1 装配式配筋砌块砌体结构的墙体部分应按混凝土结构子分部工程的装配式结构分项工程进行验收；装配式配筋砌块砌体结构的混凝土结构部分应按混凝土结构子分部工程的现浇结构分项工程进行验收。

12.1.2 预制混凝土空心砌块砌体墙构件间的连接柱施工、预制填充墙与预制混凝土空心砌块砌体墙构件间的连接施工应列为隐蔽工程验收。

12.1.3 专用砌块、专用砌筑砂浆、专用灌孔混凝土的性能和强度应符合设计要求。

12.1.4 装配式配筋砌块砌体结构验收时，除应按本标准第12.1.1条的要求提供文件和记录外，尚应提供下列文件和记录：

1 工程设计文件、预制混凝土空心砌块砌体墙构件制作和吊装的深化设计图、预制混凝土构件制作和安装的深化设计图；

2 预制混凝土空心砌块砌体墙构件、预制混凝土构件、主要材料及配件的质量证明文件、进场验收记录；

3 预制混凝土空心砌块砌体墙构件吊装、预制混凝土构件安装施工记录；

4 后浇混凝土部位的隐蔽工程检查验收文件；

5 外墙防水施工质量检验记录；

6 装配式结构分项工程质量验收文件；

7 装配式工程的重大质量问题的处理方案和验收记录；

8 装配式工程的其他文件和记录。

12.1.5 装配式配筋砌块砌体结构应按本标准附录F.0.3进行验收，装配式预应力连续空心板楼（屋）盖应按本标准附录G进行验收，其中预制板应符合现行国家标准《混凝土结构工程施工质量验收规范》GB 50204 的有关规定。

12.1.6 装配式配筋砌块砌体结构验收除应符合本标准外，尚应符合现行国家标准《砌体结构工程施工质量验收规范》GB 50203 和《混凝土结构工程施工质量验收规范》GB 50204 等有关技术标准的规定。

12.2 预制构件

主控项目

12.2.1 专用砌块的强度等级、孔洞率和对孔率应符合设计要求。

检查数量：

1 专用砌块孔洞率和错孔砌筑对孔率应进行型式检验，同一厂家、同一型号的专用砌块产品，型式检验每年进行 1 次；

2 产地（厂家）相同的原材料以同一生产时间、配合比例、生产工艺、成型设备生产同强度等级的每 $1000m^3$ 专用砌块，至少应抽检一组 5 块。

检验方法：专用砌块抗压强度试验可按本标准附录 C 进行；专用砌块孔洞率检验可按本标准附录 D 进行；专用砌块错孔砌筑对孔率检验可按本标准附录 E 进行；检查专用砌块的产品合格证书和试验、复验报告。

12.2.2 专用砂浆的强度等级应符合设计要求。

检查数量：

1 现场拌制的砂浆和干混砂浆的抽检，每一检验批且不超过一个楼层或 $250m^3$ 砌块砌体砌筑砂浆，每台搅拌机应至少抽检 1 次。当配合比变更时，应制作相应试块。基础部分的砌体可按一个楼层计。

2 预拌砂浆以每次进入施工现场的数量为一检验批。

检验方法：检查砌筑砂浆试块的试验报告。预拌砂浆尚应检查砂浆合格证书、配合比报告和施工记录。

12.2.3 钢筋的品种、级别、规格、数量和设置部位应符合设计要求。

检查数量：按设计图全数检查。

检验方法：检查钢筋的合格证书、钢筋性能试验报告、隐蔽工程记录。

12.2.4 预制混凝土构件用混凝土原材料应按照现行国家标准《混凝土结构工程施工质量验收规范》GB 50204 的相关规定进行检验。

一 般 项 目

12.2.5 装配式配筋砌块砌体剪力墙中的受力钢筋保护层厚度与凹槽中水平钢筋间距的允许偏差值均应为 ±5mm。

检验数量：每检验批抽检不应少于 5 处。

检验方法：检验保护层厚度应在浇筑灌孔混凝土前进行观察并用尺量；检查水平钢筋间距可用钢尺连续量三档，取最大值。

12.2.6 专用砂浆应将砌块孔洞周边封闭密实，浇筑灌孔混凝土时漏浆点不得多于 1 个 /m^2。

检验数量：所有装配式配筋砌块砌体剪力墙。

检验方法：观察检查。

12.2.7 预制混凝土空心砌块砌体墙构件吊装前，应保证砌筑砂浆不超出砌块壁（肋）。

检验数量：所有拟浇筑灌孔混凝土的竖向孔洞。

检验方法：逐孔观察检查。

12.2.8 预制板的切割和开槽应按图纸要求，开槽长度允许偏差值 0mm ～ 20mm，新旧混凝土叠合面应尽量粗糙，承载力检验应按施工时实际支承的简支板进行。

检验数量：不超过 100 件为一批，每批应抽查构件数量的 5%，且不应少于 3 件。

检验方法：尺量和观察。

12.3 预制构件安装与连接

主 控 项 目

12.3.1 专用灌孔混凝土的强度等级应符合设计要求。

检查数量：一个楼层或一个施工段墙体的同配合比的灌注量为一个检验批，其取样不得少于1次，并应至少留置一组标准养护试块；同一检验批的同配合比灌注量超过$100m^3$时，其取样次数和标准养护试件留置组数应相应增加。同条件养护试件的留置组数应按工程实际需要确定，但不应少于6组。

检验方法：检查混凝土试块试验报告和施工记录。

12.3.2 竖向和水平向受力钢筋锚固长度与搭接长度应符合设计要求。

检查数量：每检验批抽检不得少于5处。

检验方法：尺量检查。

12.3.3 后浇混凝土强度应符合设计要求。

检验数量：同一配合比的混凝土，每工作班且建筑面积不超过$1000m^2$应制作一组标准养护试件，同一楼层应制作不少于3组标准养护试块。

检验方法：按现行国家标准《混凝土强度检验评定标准》GB/T 50107的要求进行。

12.3.4 钢筋采用焊接时，其焊接质量应符合现行行业标准《钢筋焊接及验收规程》JGJ 18的有关规定。

检验数量：按现行行业标准《钢筋焊接及验收规程》JGJ 18的规定确定。

检验方法：检查钢筋焊接施工记录及平行加工试件的强度试验报告。

12.3.5 钢筋采用机械连接时，其接头质量应符合现行行业标准《钢筋机械连接技术规程》JGJ 107的有关规定。

检验数量：按现行行业标准《钢筋机械连接技术规程》JGJ

107 的规定确定。

检验方法：检查钢筋机械连接施工记录及平行加工试件的强度试验报告。

12.3.6 钢筋安装时，钢筋的品种、级别、规格和数量应符合设计要求。

检验数量：全数检查。

检验方法：观察，量测。

12.3.7 钢筋应安装牢固，受力钢筋的安装位置、锚固方式应符合设计要求。

检验数量：全数检查。

检验方法：观察，量测。

一 般 项 目

12.3.8 在两个预制混凝土空心砌块砌体墙构件的连接处，应按整体化后的墙体进行检验，其平整度、垂直度均应满足对墙体的要求。

检验数量：每个连接处均须检验。

检验方法：用靠尺跨过连接处测量平整度，垂直度仅对连接处检验。

12.3.9 砌块孔洞中的专用灌孔混凝土浇筑完成后，应保证密实连续。

检验数量：每片墙体下部 2/3 范围；应不少于墙体总孔洞数量的 10%，且不应少于 3 个孔洞，并保证预留插座、开关、线盒等部位的抽检孔数不应少于 1/3。

检验方法：随机钻孔（孔径不大于 8mm）。

12.3.10 板间连接器安装数量、位置应与设计相符。

检验数量：全数检查。

检验方法：观察，量测。

12.3.11 楼板施工完毕后，板位置、尺寸偏差、连接部位表面的平整度应符合表 12.3.11 的规定。

表 12.3.11 预制板位置和尺寸允许偏差及检验方法

项目名称	允许偏差（mm）	检验方法
标高	±3	水准仪或拉线、量测
相邻板平整度	5	2m靠尺和塞尺量测
预制板搁置长度	±10	量测
预制板缝宽	±5	量测

检验数量：按楼层、结构缝或施工的划分检验批。在同一检验批内，应按有代表性的自然间抽查 10%，且不少于 3 间。

检验方法：量测。

12.4 部品安装

12.4.1 部品质量验收应根据工程实际情况检查下列文件和记录:

1 施工图或竣工图、性能试验报告、设计说明及其他设计文件;

2 部品和配套材料的出厂合格证、进场验收记录;

3 施工安装记录;

4 隐蔽工程验收记录;

5 施工过程中工程变更记录。

12.4.2 部品验收分部分项划分应满足国家现行相关标准要求，检验批划分应符合下列规定:

1 相同材料、工艺和施工条件的夹心墙外叶墙每 $1000m^2$ 应划分为一个检验批，不足 $1000m^2$ 也应划分为一个检验批；每个检验批每 $100m^2$ 应至少抽查一处，每处不得小于 $10m^2$。

2 住宅建筑装配式内装工程应进行分户验收，划分为一个检验批。

3 公共建筑装配式内装工程应按照功能区间进行分段验收，划分为一个检验批。

12.4.3 预制外叶墙接缝的防水性能应符合设计要求。

检验数量：按本标准第 12.4.2 条第 1 款执行。

检验方法：检查现场淋水试验报告。

12.4.4 屋面应按现行国家标准《屋面工程质量验收规范》GB 50207 的规定进行验收。

12.4.5 外围护系统的保温和隔热工程质量验收应按现行国家标准《建筑节能工程施工质量验收标准》GB 50411 的规定执行。

12.4.6 内装工程及外围护系统的门窗工程、涂饰工程应按现行国家标准《建筑装饰装修工程质量验收标准》GB 50210 的规定进行验收。

12.4.7 室内环境的质量验收应在内装工程完成后进行，并应符合现行国家标准《民用建筑工程室内环境污染控制标准》GB 50325 的有关规定。

12.5 设备与管线安装

12.5.1 装配式混凝土建筑中涉及建筑给水排水、供暖、通风与空调、建筑电气、智能建筑、建筑节能、电梯等安装的施工质量验收应按其对应的分部工程进行验收。

12.5.2 给水排水及采暖工程的分部工程、分项工程、检验批质量验收等应符合现行国家标准《建筑给水排水及采暖工程施工质量验收规范》GB 50242 的有关规定。

12.5.3 电气工程的分部工程、分项工程、检验批质量验收等应符合现行国家标准《建筑电气工程施工质量验收规范》GB 50303 及《火灾自动报警系统施工及验收标准》GB 50166 的有关规定。

12.5.4 通风与空调工程的分部工程、分项工程、检验批质量验收等应符合现行国家标准《通风与空调工程施工质量验收规范》GB 50243 的有关规定。

12.5.5 智能建筑的分部工程、分项工程、检验批质量验收等除应符合本标准外，尚应符合现行国家标准《智能建筑工程质量验收规范》GB 50339 的有关规定。

12.5.6 电梯工程的分部工程、分项工程、检验批质量验收等应符合现行国家标准《电梯工程施工质量验收规范》GB 50310 的有关规定。

12.5.7 建筑节能工程的分部工程、分项工程、检验批质量验收等应符合现行国家标准《建筑节能工程施工质量验收标准》GB 50411 的有关规定。

附录 A　装配式配筋砌块砌体建筑评价标准

A. 0. 1　进行装配式配筋砌块砌体建筑评价时，可采用附录A作为基本依据。

A. 0. 2　装配式配筋砌块砌体建筑的装配率应根据表A.0.2中评价值按下式计算（表A.0.2）：

$$P=\frac{Q_1+Q_2+Q_3}{100-Q_5}+\frac{Q_4}{100}\times 100\% \qquad (A.0.2)$$

式中：P——装配式配筋砌块砌体建筑的装配率；

Q_1——主体结构指标实际得分值；

Q_2——围护墙和内隔墙指标实际得分值；

Q_3——装修和设备管线指标实际得分值；

Q_4——各地政策要求的奖励加分值；

Q_5——评价项目中缺少的评价项分值总和。

表 A. 0. 2　装配式配筋砌块砌体建筑评分表

评价项		评价要求	评价分值	最低分值
主体结构（50分）	竖向承重墙体构件	35% ≤比例≤ 80%	20 ~ 30*	20
	梁、板、楼梯、阳台、空调板等构件	70% ≤比例≤ 80%	10 ~ 20*	
围护墙和内隔墙（20分）	非承重围护墙采用非原位砌筑或非砌筑制品	比例≥ 80%	5	10
	外墙系统保温、装饰、通气排湿、防火、防护一体化	50% ≤比例≤ 80%	2 ~ 5*	
	内隔墙采用非原位砌筑或非砌筑制品	比例≥ 50%	5	
	内隔墙与管线、装修一体化	50% ≤比例≤ 80%	2 ~ 5*	

续表 A. 0. 2

评价项		评价要求	评价分值	最低分值
装修和设备管线（30 分）	全装修	—	6	6
	干式工法楼面、地面	比例≥ 70%	6	—
	集成厨房	70% ≤比例≤ 90%	3 ~ 6*	
	集成卫生间	70% ≤比例≤ 90%	3 ~ 6*	
	管线分离	50% ≤比例≤ 70%	4 ~ 6*	

注：1　表中带“*”项的分值采用“内插法”计算，计算结果取小数点后一位。

2　对外墙要求较高的严寒地区，可提高围护墙部分分值提高至30分，相应将装修设备管线部分分值减至20分，以反映围护墙的重要性。

3　各地政策要求的奖励加分，按当地的政策规定执行。

A. 0. 3　竖向承重墙体预制构件的应用比例应按非原位砌筑竖向承重墙体的总体积与竖向承重墙体的总体积之比计算，当符合下列规定时，主体结构竖向构件间连接部分的后浇混凝土可以计入预制混凝土体积计算。

1　预制混凝土空心砌块砌体墙构件之间净距离不大于600mm 的竖向现浇段和高度不大于 300mm 的水平后浇带、圈梁的后浇混凝土体积；

2　预制混凝土空心砌块砌体墙构件内孔中为实现竖向钢筋有效连接和竖向构件间有效连接而浇筑的灌孔混凝土体积。

A. 0. 4　梁、板、楼梯、阳台、空调板等构件中预制部品部件的应用比例按各楼层构件水平投影面积之和与各楼层建筑平面总面积（除去开洞）之比计算，预制装配式叠合楼板、屋面板以及预制构件间宽度不大于 300mm 的后浇混凝土带也可计入预制构件。

A. 0. 5　非承重围护墙中非原位砌筑墙体或非砌筑制品的应用比例按各楼层非承重围护墙非原位砌筑墙体或非砌筑制品的外表面之和与各楼层非承重围护墙外表面总面积之比，以上计算均不扣除门、窗及预留洞口面积。

A.0.6 外墙系统保温、装饰、通气排湿、防火、防护一体化的应用比例按各楼层外墙系统保温、装饰、通气排湿、防火、防护一体化的墙面外表面积之和与各楼层墙体外表面积之和之比计算，以上计算均不扣除门、窗及预留洞口面积。

A.0.7 内隔墙中非原位砌筑或非砌筑制品的应用比例按各楼层内隔墙中非原位砌筑或非砌筑制品的墙面面积之和与各楼层内隔墙面总面积之比计算，以上计算均不扣除门、窗及预留洞口面积。

A.0.8 内隔墙采用墙体、管线、装修一体化的应用比例按内隔墙采用墙体、管线、装修一体化的墙面面积之和与各楼层内隔墙面总面积之比计算，以上计算均不扣除门、窗及预留洞口面积。

A.0.9 干式工法楼面、地面的应用比例按各楼层采用干式工法楼面、地面的水平投影面积与各楼层地面总面积之比计算。

A.0.10 集成厨房的橱柜和厨房设备等应全部安装到位，墙面、顶面和地面中干式工法的应用比例应按各楼层厨房墙面、顶面和地面采用干式工法的面积之和与各楼层厨房的墙面、顶面和地面的总面积之比计算。

A.0.11 集成卫生间的洁具设备等应全部安装到位，墙面、顶面和地面中干式工法的应用比例应按各楼层卫生间墙面、顶面和地面采用干式工法的面积之和与各楼层卫生间墙面、顶面和地面的总面积之比计算。

A.0.12 管线分离比例应按各楼层管线分离的长度（包括裸露于室内空间以及敷设在地面架空层、非承重墙体空腔和吊顶内的电气、给水排水和供暖管线长度之和）与各楼层电气、给水排水和供暖管线的总长度之比计算。

A.0.13 装配式建筑应同时满足下列要求：

1 主体结构部分的评价分值不低于20分；

2 围护墙和内隔墙部分的评价分值不低于10分；

3 采用全装修；

4 装配率不低于 50%。

A. 0. 14 当评价项目满足 A.0.13 条规定，且主体竖向结构构件中预制部品部件的应用比例不低于 35% 时，可进行装配式建筑等级评价。

A. 0. 15 当装配式配筋砌块砌体建筑评价项满足最低分值要求时，应按照如下标准划分评价等级：

1 装配率为 60% ～ 75% 时，评价为 A 级装配式建筑；

2 装配率为 76% ～ 90% 时，评价为 AA 级装配式建筑；

3 装配率为 91% 及以上时，评价为 AAA 级装配式建筑。

附录B　装配式配筋砌块砌体受压的应力与应变关系

B.0.1　进行装配式配筋砌块砌体结构的内力和位移计算时，可采用本附录的应力－应变关系。

B.0.2　配筋砌块砌体的受压应力与应变关系可按下列规定取用：

$$\frac{\sigma_g}{f_g}=\begin{cases}-0.67\left(\dfrac{\varepsilon}{\varepsilon_0}\right)^2+1.67\dfrac{\varepsilon}{\varepsilon_0} & \left(0\leqslant\dfrac{\varepsilon}{\varepsilon_0}<1\right)\\ -0.57\dfrac{\varepsilon}{\varepsilon_0}+1.57 & \left(1\leqslant\dfrac{\varepsilon}{\varepsilon_0}<2.4\right)\\ 0.20 & \left(2.4\leqslant\dfrac{\varepsilon}{\varepsilon_0}\leqslant 4\right)\end{cases}\tag{B.0.2}$$

式中：ε——灌孔砌体的压应变；

σ_g——灌孔砌体压应变为 ε 时的压应力；

f_g——灌孔砌体的抗压强度设计值；

ε_0——灌孔砌体压应力达到 f_g 时的压应变，ε_0 取为 0.0015。

附录C 专用砌块抗压强度试验方法

C. 0. 1 配筋砌块砌体专用砌块中带凹槽块型，进行抗压强度试验时应将凹槽部分做平行上下顶面的横向切割。切割后承压面平行度应满足：沿砌块宽度方向小于1.6mm（190mm宽砌块），沿砌块长度方向小于1.3mm（图C.0.1）。

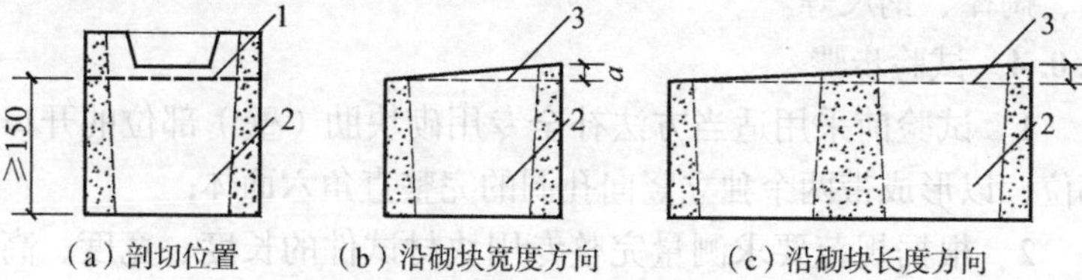

图 C. 0. 1 砌块切割与切割面平行度要求

1—切割面；2—专用砌块；3—水平参考面；*a*—宽度方向高差；*b*—长度方向高差

C. 0. 2 每组强度检测的数量为5块。

C. 0. 3 将专用砌块凹槽部位水平切除后，所得砌块高度不小于150mm时，砌块抗压强度可不做高度修正。

C. 0. 4 以切割后的完整六面体砌块作为检测块，根据现行国家标准《混凝土砌块和砖试验方法》GB/T 4111的要求进行抗压强度试验，评定专用砌块的强度等级。

附录D　专用砌块孔洞率检验方法

D. 0. 1　专用砌块孔洞率应采用填砂法进行检验。

D. 0. 2　试件数量为三个。

D. 0. 3　仪器设备

孔径为2mm的标准筛、满足量程要求的体积量筒、平板玻璃、捣棒、钢尺等。

D. 0. 4　试验步骤

1　试验前采用适当方法补全专用砌块肋（壁）部位的开口部位，以形成带两个独立竖向孔洞的完整直角六面体；

2　根据规范要求测量完整专用块材试件的长度、宽度、高度，分别求取各个方向的平均值 L、B、H，精确至0.1mm；

3　用标准筛筛选足够数量的细砂，备用；

4　将长度390mm砌块置于干净的平板玻璃上，将筛选完成的细砂分层装入砌块两个竖向孔洞内，刮去多余的细砂并抹平；

5　专用砌块提起后，将全部细砂装于体积量筒内，量出细砂体积 V；

6　专用砌块孔洞率应按下式计算：

$$K=\frac{V}{LBH}\times 100\% \qquad \text{(D.0.4)}$$

式中：K——专用砌块孔洞率；

V——专用砌块孔洞体积；

L——专用砌块长度；

B——专用砌块宽度；

H——专用砌块高度。

D. 0. 5　砌块孔洞率以三个试件孔洞率的算术平均值表示，精确至0.1%。

附录E 专用砌块对孔错缝砌筑对孔率检验方法

E.0.1 专用砌块对孔率应采用对孔错缝干垒法进行检验。

E.0.2 试件数量为三个。

E.0.3 试验步骤（图E.0.3）

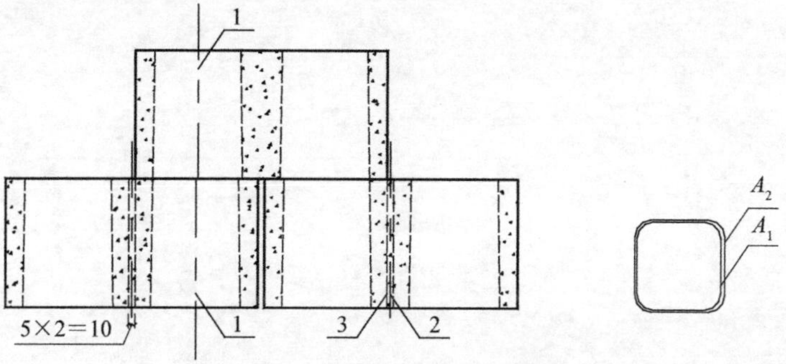

图E.0.3 对孔错缝砌筑对孔率检测示意

1—孔洞中心线；2—专用砌块中肋中心线；3—专用砌块中肋中心线两侧平行线

1 选择长度为390mm的双孔砌块，几何尺寸、孔洞率检验合格；

2 在砌块上下表面标识出孔洞中点，量测孔中点的对边距离，精确至0.1mm；

3 以孔洞中点量测数据计算出砌块上下表面孔洞的面积；

4 在砌块铺浆面上标识出砌块中肋中心线，以及与中心线平行、距离为5mm的两条平行线；

5 将两块砌块置于平整面上，保持壁面平齐，端面距离10mm，将另一块砌块错缝置于两块砌块顶部；

6 量出错缝叠砌砌体竖向孔洞中心线的最小投影距离，精确至0.1mm。

7 对孔错缝砌筑对孔率应按下式计算：

$$D=\frac{A_1}{A_2}\times 100\% \tag{E.0.3}$$

式中：D——对孔错缝砌筑对孔率；

A_1——竖向孔洞投影面积；

A_2——砌块坐浆面竖向孔洞截面面积。

E. 0. 4 对孔错缝砌筑对孔率以三个试件对孔率的算术平均值表示，精确至 0.1%。

附录F 装配式配筋砌块砌体结构工程施工质量验收记录表

F.0.1 装配式配筋砌块砌体专用砌块检验批质量验收记录（表F.0.1）。

表F.0.1 装配式配筋砌块砌体专用砌块检验批质量验收记录

单位（子单位）工程名称			分部（子分部）工程名称		分项工程名称	
施工单位			项目负责人		检验批容量	
分包单位			分包单位项目负责人		检验批部位	
施工依据				验收依据		
主控项目		验收项目	设计要求及规范规定	最小/实际抽样数量	检查记录	检查结果
主控项目	1	专用砌块的强度等级	第4.1.2条	/		
主控项目	2	专用砌块的孔洞率	≥45%	/		
主控项目	3	专用砌块的对孔率	≥90%	/		
一般项目	1	专用砌块的尺寸偏差	《建筑材料及制品燃烧性能分级》GB/T 8239第6.1节	/		
一般项目	2	专用砌块的外观质量	《建筑材料及制品燃烧性能分级》GB/T 8239第6.2节	/		
一般项目	3	专用砌块的外壁	《建筑材料及制品燃烧性能分级》GB/T 8239第6.4节	/		
一般项目	4	专用砌块的肋厚		/		
施工单位检查结果			项目专业质量检查员： 年 月 日			
监理单位验收结论			专业监理工程师： 年 月 日			

F. 0. 2 预制混凝土空心混凝土空心砌块砌体墙构件检验批质量验收记录（表 F.0.2）。

表 F. 0. 2 预制混凝土空心混凝土空心砌块砌体墙构件检验批质量验收记录

单位（子单位）工程名称			分部（子分部）工程名称		分项工程名称	
施工单位			项目负责人		检验批容量	
分包单位			分包单位项目负责人		检验批部位	
施工依据				验收依据		
验收项目			设计要求及规范规定	最小／实际抽样数量	检查记录	检查结果
主控项目	1	砂浆强度等级	第 4.1.2 条	/		
	2	钢筋的品种、级别、规格	第 4.2.2 条	/		
	3	水平钢筋的数量及竖向间距	第 10.2.9 条	/		
	4	水平钢筋的锚固长度	第 10.2.9 条	/		
	5	竖向砂浆饱满度	90%	/		
一般项目	1	墙片长度	±5mm	/		
	2	墙片高度	±15mm	/		
	3	墙片垂直度	5mm	/		
	4	墙片相交角度	±0.25°	/		
	5	表面平整度	5mm	/		
	6	水平灰缝平直度	10mm	/		
	7	水平钢筋的水平投影	±5mm	/		
	8	标识信息检验	第 10.2.10 条	/		
	9	预埋件的位置、数量及质量	第 10.4.2 条	/		
	10	水平灰缝厚度	第 10.4.2 条	/		
	11	竖向灰缝宽度	第 10.4.2 条	/		
	12	凹槽中水平钢筋间距	第 12.2.5 条	/		
	13	砌筑砂浆在孔内的残留	第 12.2.7 条	/		
施工单位检查结果	项目专业质量检查员： 年 月 日					
监理单位验收结论	专业监理工程师： 年 月 日					

F. 0. 3 装配式配筋砌块砌体剪力墙结构分项工程质量验收记录（表 F.0.3）。

表 F. 0. 3 装配式配筋砌块砌体剪力墙分项工程质量验收记录

<table>
<tr><td colspan="3">单位（子单位）工程名称</td><td colspan="2"></td><td>分部（子分部）工程名称</td><td></td><td>分项工程名称</td><td></td></tr>
<tr><td colspan="3">施工单位</td><td colspan="2"></td><td>项目负责人</td><td></td><td>检验批容量</td><td></td></tr>
<tr><td colspan="3">分包单位</td><td colspan="2"></td><td>分包单位项目负责人</td><td></td><td>检验批部位</td><td></td></tr>
<tr><td colspan="3">施工依据</td><td colspan="3"></td><td>验收依据</td><td colspan="2"></td></tr>
<tr><td rowspan="15">主控项目</td><td colspan="4">验收项目</td><td>设计要求及规范规定</td><td>最小 / 实际抽样数量</td><td>检查记录</td><td>检查结果</td></tr>
<tr><td>1</td><td colspan="3">灌孔漏浆点数量</td><td>第 12.2.6 条</td><td>/</td><td></td><td></td></tr>
<tr><td>2</td><td colspan="3">专用灌孔混凝土强度</td><td>第 12.3.1 条</td><td>/</td><td></td><td></td></tr>
<tr><td>3</td><td colspan="3">竖向和水平向受力钢筋的搭接长度（连接柱）</td><td>第 12.3.2 条</td><td>/</td><td></td><td></td></tr>
<tr><td>4</td><td colspan="3">后浇混凝土强度</td><td>第 12.3.3 条</td><td>/</td><td></td><td></td></tr>
<tr><td>5</td><td colspan="3">钢筋采用焊接时的焊接质量</td><td>第 12.3.4 条</td><td>/</td><td></td><td></td></tr>
<tr><td>6</td><td colspan="3">机械连接时的钢筋接头质量</td><td>第 12.3.5 条</td><td>/</td><td></td><td></td></tr>
<tr><td>7</td><td colspan="3">灌孔混凝土密实度</td><td>第 12.3.9 条</td><td>/</td><td></td><td></td></tr>
<tr><td>8</td><td colspan="3">墙体轴线位置</td><td>10mm</td><td>/</td><td></td><td></td></tr>
<tr><td>9</td><td colspan="3">墙体顶部标高</td><td>±15mm</td><td>/</td><td></td><td></td></tr>
<tr><td rowspan="3">10</td><td rowspan="3">墙面垂直度</td><td colspan="2">每层</td><td>5mm</td><td>/</td><td></td><td></td></tr>
<tr><td rowspan="2">全高</td><td>≤ 10m</td><td>10mm</td><td>/</td><td></td><td></td></tr>
<tr><td>> 10m</td><td>20mm</td><td>/</td><td></td><td></td></tr>
<tr><td>11</td><td colspan="3">墙体相交角度</td><td>±0.25°</td><td>/</td><td></td><td></td></tr>
<tr><td>12</td><td colspan="3">相邻墙片平整度</td><td>5mm</td><td>/</td><td></td><td></td></tr>
<tr><td colspan="3">施工单位检查结果</td><td colspan="6">项目专业质量检查员：
年 月 日</td></tr>
<tr><td colspan="3">监理单位验收结论</td><td colspan="6">专业监理工程师：
年 月 日</td></tr>
</table>

附录 G 装配式预应力连续空心板楼（屋）盖施工质量验收记录表

G. 0. 1 装配式预应力连续空心板楼（屋）盖施工质量验收记录（表 G.0.1）。

表 G. 0. 1 装配式预应力连续空心板楼（屋）盖施工质量验收记录

<table>
<tr><td colspan="2">单位（子单位）工程名称</td><td></td><td>分部（子分部）工程名称</td><td></td><td>分项工程名称</td><td colspan="2"></td></tr>
<tr><td colspan="2">施工单位</td><td></td><td>项目负责人</td><td></td><td>检验批容量</td><td colspan="2"></td></tr>
<tr><td colspan="2">分包单位</td><td></td><td>分包单位项目负责人</td><td></td><td>检验批部位</td><td colspan="2"></td></tr>
<tr><td colspan="2">施工依据</td><td colspan="2"></td><td colspan="2">验收依据</td><td colspan="2"></td></tr>
<tr><td rowspan="4">主控项目</td><td colspan="2">验收项目</td><td>设计要求及规范规定</td><td>最小／实际抽样数量</td><td>检查记录</td><td colspan="2">检查结果</td></tr>
<tr><td>1</td><td>后浇混凝土（含灌缝）强度等级</td><td>第 12.3.3 条</td><td>/</td><td></td><td colspan="2"></td></tr>
<tr><td>2</td><td>钢筋品种、级别、规格、数量</td><td>第 12.3.6 条</td><td>/</td><td></td><td colspan="2"></td></tr>
<tr><td>3</td><td>钢筋位置、锚固</td><td>第 12.3.7 条</td><td>/</td><td></td><td colspan="2"></td></tr>
<tr><td rowspan="7">一般项目</td><td>1</td><td>连接器数量位置</td><td>第 12.3.10 条</td><td>/</td><td></td><td colspan="2"></td></tr>
<tr><td>2</td><td>相邻板平整度</td><td>5mm</td><td>/</td><td></td><td colspan="2"></td></tr>
<tr><td>3</td><td>标高</td><td>±3mm</td><td>/</td><td></td><td colspan="2"></td></tr>
<tr><td>4</td><td>预制板搁置长度</td><td>±10mm</td><td>/</td><td></td><td colspan="2"></td></tr>
<tr><td>5</td><td>楼板接缝宽度</td><td>±5mm</td><td>/</td><td></td><td colspan="2"></td></tr>
<tr><td>6</td><td>预制板开槽深度</td><td>第 12.2.8 条</td><td>/</td><td></td><td colspan="2"></td></tr>
<tr><td>7</td><td>预制板开槽长度</td><td>0mm～10mm</td><td>/</td><td></td><td colspan="2"></td></tr>
<tr><td colspan="2">施工单位检查结果</td><td colspan="6">项目专业质量检查员：
年 月 日</td></tr>
<tr><td colspan="2">监理单位验收结论</td><td colspan="6">专业监理工程师：
年 月 日</td></tr>
</table>

本标准用词说明

1 为便于在执行本标准条文时区别对待，对要求严格程度不同的用词说明如下：

1）表示很严格，非这样做不可的：
正面词采用“必须”，反面词采用“严禁”；

2）表示严格，在正常情况下均应这样做的：
正面词采用“应”，反面词采用“不应”或“不得”；

3）表示允许稍有选择，在条件许可时首先应这样做的：
正面词采用“宜”，反面词采用“不宜”；

4）表示有选择，在一定条件下可以这样做的，采用“可”。

2 条文中指明应按其他有关标准执行的写法为：“应符合……的规定”或“应按……执行”。

3 本标准中“ϕ”只表示钢筋符号，不代表钢筋牌号。

引用标准名录

1 《砌体结构设计规范》GB 50003
2 《建筑结构荷载规范》GB 50009
3 《混凝土结构设计规范》GB 50010
4 《建筑抗震设计规范》GB 50011
5 《建筑设计防火规范》GB 50016
6 《钢结构设计标准》GB 50017
7 《城镇燃气设计规范》GB 50028
8 《建筑结构可靠性设计统一标准》GB 50068
9 《混凝土强度检验评定标准》GB/T 50107
10 《民用建筑隔声设计规范》GB 50118
11 《火灾自动报警系统施工及验收标准》GB 50166
12 《砌体结构工程施工质量验收规范》GB 50203
13 《混凝土结构工程施工质量验收规范》GB 50204
14 《屋面工程质量验收规范》GB 50207
15 《建筑装饰装修工程质量验收标准》GB 50210
16 《建筑内部装修设计防火规范》GB 50222
17 《建筑工程抗震设防分类标准》GB 50223
18 《建筑给水排水及采暖工程施工质量验收规范》GB 50242
19 《通风与空调工程施工质量验收规范》GB 50243
20 《建筑电气工程施工质量验收规范》GB 50303
21 《电梯工程施工质量验收规范》GB 50310
22 《民用建筑工程室内环境污染控制标准》GB 50325
23 《智能建筑工程质量验收规范》GB 50339
24 《屋面工程技术规范》GB 50345
25 《民用建筑设计统一标准》GB 50352

26《建筑节能工程施工质量验收标准》GB 50411
27《混凝土结构耐久性设计标准》GB/T 50476
28《智能建筑工程施工规范》GB 50606
29《钢结构焊接规范》GB 50661
30《混凝土结构工程施工规范》GB 50666
31《坡屋面工程技术规范》GB 50693
32《民用建筑供暖通风与空气调节设计规范》GB 50736
33《砌体结构工程施工规范》GB 50924
34《建筑机电工程抗震设计规范》GB 50981
35《混凝土砌块和砖试验方法》GB/T 4111
36《预应力混凝土用钢丝》GB/T 5223
37《预应力混凝土用钢绞线》GB/T 5224
38《普通混凝土小型砌块》GB/T 8239
39《建筑材料及制品燃烧性能分级》GB 8624
40《硅酮和改性硅硐建筑密封胶》GB/T 14683
41《高层建筑混凝土结构技术规程》JGJ 3
42《混凝土小型空心砌块建筑技术规程》JGJ/T 14
43《钢筋焊接及验收规程》JGJ 18
44《建筑机械使用安全技术规程》JGJ 33
45《施工现场临时用电安全技术规范》JGJ 46
46《普通混凝土配合比设计规程》JGJ 55
47《建筑施工高处作业安全技术规范》JGJ 80
48《砌筑砂浆配合比设计规程》JGJ/T 98
49《塑料门窗工程技术规程》JGJ 103
50《钢筋机械连接技术规程》JGJ 107
51《铝合金门窗工程技术规范》JGJ 214
52《建筑施工起重吊装工程安全技术规范》JGJ 276
53《高强混凝土应用技术规程》JGJ/T 281
54《建筑通风效果测试与评价标准》JGJ/T 309
55《住宅室内装饰装修设计规范》JGJ 367

56 《装配式住宅建筑设计标准》JGJ/T 398

57 《聚氨酯建筑密封胶》JC/T 482

58 《聚硫建筑密封胶》JC/T 483

59 《混凝土小型空心砌块和混凝土砖砌筑砂浆》JC/T 860

60 《混凝土砌块（砖）砌体用灌孔混凝土》JC/T 861

中国建筑学会标准

装配式配筋砌块砌体建筑技术标准

T/ASC 29－2022

条 文 说 明

制 订 说 明

《装配式配筋砌块砌体建筑技术标准》T/ASC 29-2022，经中国建筑学会2022年7月5日以建会标〔2022〕11号公告批准发布。

本标准制订过程中，编制组对装配式配筋砌块砌体建筑的材料、设计、施工、验收的现状进行了大量调查研究，总结了我国装配式配筋砌块砌体建筑领域的实践经验，同时参考了现行国家标准《砌体结构设计规范》GB 50003等相关先进技术标准，通过配筋砌块砌体剪力墙抗震试验及配筋砌块砌体剪力墙装配化施工等试验取得了装配式配筋砌块砌体建筑重要技术参数。

为便于广大检测、设计、施工、科研、学校等单位有关人员在使用本标准时能正确理解和执行条文规定，本标准编制组按章、节、条顺序编制了本标准的条文说明，对条文规定的目的、依据以及执行中需注意的有关事项进行了说明。需要注意的是，本条文说明不具备与标准正文同等的法律效力，仅供使用者作为理解和把握标准规定的参考。

目　次

1 总 则

1.0.1 满足建筑的使用功能和物理性能是建筑设计的基本要求，做到提高质量、节约资源、节约造价，实现建筑全寿命期的可持续发展，是我国推行绿色建筑、节能环保的要求，与国家方针政策相符。

装配式配筋砌块砌体剪力墙中竖向孔洞全部灌孔，受力钢筋在预制混凝土空心砌块砌体墙构件安装前进行连接，通过砌块孔洞及凹槽内的后浇混凝土提高结构的整体稳固性和抗震性能。装配式配筋砌块砌体建筑具有节能、节地、节材、节水、节工期、节人力、节资金和环境保护的社会和经济效益优势，有利于提高建筑质量、提高生产效率、降低成本、节能减排和保护环境。

我国在配筋砌块砌体剪力墙结构及装配式配筋砌块砌体剪力墙结构方面技术领先，有超过 1500 万 m^2 试点工程的实践经验，为推动绿色工业化建筑产业现代化的加速发展做出了突出贡献。本标准综合反映了国内外近年来在配筋砌块砌体剪力墙结构及装配式配筋砌块砌体剪力墙结构领域的最新科研成果和工程实践经验。

1.0.2 基于科研成果，本标准适用于我国行政区域内抗震设防烈度为 6 度～ 9 度抗震设计地区的乙类及乙类以下的各种民用建筑及一般工业建筑，不含重型厂房。

1.0.3 本标准涉及装配式配筋砌块砌体建筑成套技术的承重墙装配化技术、填充墙装配化技术、装配式预应力连续空心板楼（屋）盖技术、呼吸式夹心保温墙技术等，这些技术既可以成套使用，也可以与行业内其他成熟技术组合使用，如外墙可采用外保温技术，楼板可采用钢桁架混凝土叠合板技术等。

1.0.4 混凝土空心砌块砌体墙构件的设计、生产运输、施工安装及质量验收除应符合本标准外，尚应符合《砌体结构设计规范》GB 50003、《建筑结构荷载规范》GB 50009、《建筑抗震设计规范》GB 50011、《砌体结构工程施工规范》GB 50924、《砌体结构工程施工质量验收规范》GB 50203、《混凝土小型空心砌块建筑技术规程》JGJ/T 14 等与砌体相关的国家现行标准的要求。

混凝土构件的设计、生产运输、施工安装及质量验收除应符合本规范外，尚应符合与混凝土相关的国家现行标准的要求。

2 术语和符号

2.1 术 语

2.1.3 传统砌体结构施工方式为原位砌筑，砌筑作业面与砌体使用部位相同，即在房屋建筑施工中逐楼层在其建筑位置上砌筑。非原位砌筑与传统砌体砌筑作业方式不同，在工厂中或现场地面上砌筑，将砌筑作业从施工关键线路中分离出来，既缩短了工期，也为自动砌筑机械使用创造了条件。

2.1.4 与传统配筋砌块砌体剪力墙结构相比，装配式配筋砌块砌体剪力墙结构的特点：（1）装配式配筋砌块砌体剪力墙结构中的砌块砌体全部采用预制、装配施工方法完成结构组装；（2）有效解决了竖向钢筋同截面连接和连接方式受限问题，以及落地灰清扫不善和清扫口块型影响结构强度的工程质量问题，提高了承载力，保证了施工质量。与装配式钢筋混凝土剪力墙结构相比，装配式配筋砌块砌体剪力墙结构的特点：（1）解决了水平和竖向钢筋的连接问题；（2）为解决工厂生产效率与构件运输、存放之间的矛盾提供了新思路；（3）实现了建筑生产标准化和需求个性化的统一。

装配式配筋砌块砌体剪力墙结构中的砌块砌体，既是结构受力的组成部分，又是浇筑芯柱和系梁的模板。混凝土空心砌块砌体墙的预制简化了楼面作业的串联工序，使混凝土空心砌块砌体墙的预制分离出来，变成了并联工序，实现了砌筑工人的全时作业，无怠工现象；同时又为砌筑作业的机械化提供了工序上的安排，是降低人工用量、提高效率、保证质量的重要举措。实践表明，混凝土空心砌块砌体墙的预制减轻了吊装过程中对吊装机械的负荷要求，提高了生产效率，降低了吊装成本。

2.1.5 在适宜的建筑功能前提下，为合理控制工程结构造价，通过选择就地就近取材、力学性能利于保证建筑每个局部区域空间的结构完整和耐久性更好的适宜建筑材料，实现竖向荷载简单直接向下传递，水平荷载通过共用墙体实现协同工作，并最终保证结构整体性要求的一种设计理念。

2.1.6 在工厂或预制场地预制混凝土空心砌块砌体墙构件，实现了砌筑工作与其他工作平行作业，减小了楼面作业量和作业时间，提高了砌筑效率和质量，减少了怠工，为形成装配整体式配筋砌块砌体剪力墙结构提供了先决条件。

2.1.7 装配式配筋砌块砌体剪力墙结构是利用砌体内的竖向孔洞和水平孔洞配置双向钢筋的一种结构型式，因此，砌块块型是保证双向孔道连通的首要条件，也是保证装配式配筋砌块砌体剪力墙受力和浇筑灌孔混凝土质量的重要条件。

配筋砌块砌体专用砌块的孔洞率是与砌块强度同等重要的技术指标，其主要体现在以下三个方面：（1）孔洞率大小直接影响砌块母材强度，相同砌块强度条件下，孔洞率越高，砌块母材强度也越高；（2）砌块孔洞率越高，灌孔混凝土有效截面越大，灌芯砌块砌体强度也越高；（3）砌块孔洞率越高，后期灌孔混凝土的振捣和浇筑质量更容易保证。

对孔率是在砌块砌体对孔错缝搭砌工艺下，保证芯柱上下连续有效截面面积的重要指标参数，对孔率高不但能提高相同材质灌芯砌块砌体的强度，而且有利于减小砌块壁（肋）下灌孔混凝土局部不密实的施工质量问题，进一步保证灌孔混凝土强度指标。

2.1.12 本标准附录A的装配率计算方法与现行国家标准《装配式建筑评价标准》GB/T 51129的计算方法一致，并体现了本技术体系的特殊性。

2.1.15 装配式配筋砌块砌体建筑相邻两预制混凝土空心砌块砌体墙构件之间的水平连接，是保证结构整体工作性能的重要部位。预制混凝土空心砌块砌体墙构件之间采用预留马牙槎，预先设置钢筋笼，并保证水平钢筋可靠连接后，通过现场浇筑混凝土实现两预制混凝土空心砌块砌体墙构件之间的性能整体化。该连接方式既能保证竖向承载的可靠性和结构的延性，又能保证连接柱侧面与预制混凝土空心砌块砌体墙构件端面的界面性能。

2.1.18、2.1.19 预制预应力空心板具有制作简单、成本低、施工速度快等优点，非常适合工厂化生产和装配化施工。但由于使用中只能以简支的方式使用，端部与主体结构连接可靠性有欠缺，在地震中出现了楼板脱落的事故，近年来已经基本退出建筑市场。装配整体式预应力连续空心楼（屋）盖技术，系采用硬挤压成型预应力空心板，经过二次加工，使其能够通过局部后浇混凝土和设置负弯矩钢筋实现连续受力（形成多跨连续受力构件），不仅提高了板的承载力，提高板的利用率，减轻了楼板的自重（20% 以上），而且提高了板的连接性能，保障了使用安全。当楼板为单跨使用时，虽未形成连续受力结构，但板可通过支座钢筋及后浇混凝土与圈梁形成整体结构，提高连接的可靠性。

2.1.20 夹心保温墙是严寒及寒冷地区壁面温差过大情况下，实现建筑节能并避免开裂、防火、保温材料老化脱落等工程质量通病的优选方案。但传统夹心墙预留 20mm 空气夹层的做法在工程中难以实现，不但降低了节能保温效果，且夹心层内易结露，阻碍了通气排湿功能的实现。呼吸式夹心保温墙系统取消了 20mm 空气夹层，通过 90mm 厚呼吸式外叶墙保证了保温层外表面的通气排湿功能，确保了工程质量和节能保温效果，且减小了墙厚，增加了内、外叶墙的协同工作能力和整体性。

2.1.21 采用原位砌筑时，夹心墙的外叶墙以分布式拉结件与主体结构拉结保证自身受力安全，拉结件采用钢筋制作，导热系数较大，形成了热量传输通道，影响建筑物节能。当外叶墙采用装配化技术时，外叶墙自身依靠预应力保持自身受力安全，可通过有限几个连接点与主体结构连接，可显著提高节能效果。

2.1.22 剪力墙是结构主要的受力构件，在抗震中须承担和耗散绝大部分的地震能量，自身也会造成不同程度的损坏，而其维修难度较大。将填充墙与剪力墙相连处做成耗能装置，非地震时保持其自身刚度，地震时先于剪力墙和填充墙破坏而耗能，吸收地震能量，减轻或避免剪力墙及填充墙的破坏，易于维修和替换。

2.2 符 号

本标准基本沿用《砌体结构设计规范》GB 50003 等国家现行标准的符号。

3 基本规定

3.0.1 装配式配筋砌块砌体建筑应坚持“六化”原则，并以系统性和集成性为基础协同设计、生产、运输、施工、验收和运营维护，其目的是提供性能优良的完整的建筑产品，提升建筑工程质量、安全水平和劳动生产效率，做到节约资源并减少施工污染。

3.0.2 采用节能环保的新技术、新工艺、新材料和新设备，是保证建立完善的生产质量控制体系的手段，是保障产品质量的重要管理措施。

3.0.3 装配式配筋砌块砌体剪力墙结构的施工应保证建筑、结构、机电、内装等各专业的密切配合，对制作、运输、安装和施工全过程的可行性等作出预测。此项工作对建筑功能和结构布置的合理性、工程造价等都会产生较大的影响。

3.0.4 BIM技术应用是目前土木建造领域的大趋势，装配式配筋砌块砌体建筑涉及工厂和现场的配合并影响各专业的安装效率，通过BIM信息化技术可以解决施工过程各环节的协调与配合问题，同时可以提高工厂效率与现场效率的统一，为体现装配式配筋砌块砌体建筑的优势提供保障。

3.0.5 在抗震设防地区，装配式配筋砌块砌体结构的抗震设防类别及相应的抗震设防标准，应符合现行国家标准《建筑工程抗震设防分类标准》GB 50223的规定。

3.0.6、3.0.7 预制混凝土空心砌块砌体墙构件的形状不但影响预制阶段和安装阶段的稳定性，而且影响连接柱的位置，设计阶段应优先考虑预制混凝土空心砌块砌体墙构件的自身稳定，并将连接柱设在非转角部位，降低施工难度。

3.0.8 预制混凝土空心砌块砌体墙构件的设计应综合考虑墙面

上预留孔洞和预埋管线等各专业、各工种的需求，避免墙片就位后剔凿、切割等影响结构安全的作业。

3.0.9 采用全灌孔配筋砌块砌体是降低砌筑难度、灌孔难度、检验难度，提高结构均质性和可靠性的重要技术措施。实践表明，在圈梁混凝土浇筑密实前提下，竖向孔洞保持空心状态成本较高、难度较大，也是施工期间容易犯错的一种做法。因此，理论上在承载力满足的前提下，采用部分灌孔降低造价的目的不科学。采用全灌孔形式推广配筋砌块砌体结构，也是配筋砌块砌体结构得以在黑龙江省大量工程中应用的重要技术措施和设计理念。

全灌孔配筋砌块砌体所灌注混凝土的体积包括两部分，一部分为专用砌块竖向孔洞的体积，另一部分为专用砌块水平槽口的体积。

4 材料和计算指标

4.1 砌块、砌筑砂浆和灌孔混凝土

4.1.1 现行国家标准《普通混凝土小型砌块》GB/T 8239对砌块质量要求进行了详细的规定，但对砌块的孔洞率并没有针对装配式配筋砌块砌体剪力墙结构做相应规定，仅是按孔洞率25%进行了实心、空心的分类。过小的孔洞对插入钢筋、振捣混凝土、灌孔混凝土密实性等有显著的影响，45%的孔洞率在使用时基本满足这些要求，在砌块生产时难度也不大。施工中严禁用孔洞率较小的砌块代替设计规定的孔洞率较大的砌块，设计时考虑了与一定孔洞率相应的灌孔混凝土的贡献，这将导致砌体的实际承载力低于预期值，带来结构隐患。

砌筑砂浆配料时，不严格称量是造成砌筑砂浆达不到设计强度等级或超出规定强度等级过多的原因，离散性相当大，既浪费了材料又影响了质量。

灌孔混凝土既是装配式配筋砌块砌体剪力墙的重要组成部分，又是保证装配式配筋砌块砌体剪力墙结构完整性和整体性的重要因素。因此，需对灌孔混凝土的粗骨料粒径、坍落度、泌水率、膨胀率作出规定。采用符合现行行业标准《混凝土砌块（砖）砌体用灌孔混凝土》JC/T 861的专用混凝土，其混凝土坍落度比一般混凝土大，有利于浇筑，稍许振捣即可密实，对保证装配式配筋砌块砌体剪力墙施工质量和结构受力有利。

4.1.2 实现建筑工业化的目的之一，是提高产品质量。规定装配式配筋砌块砌体剪力墙结构最低的各材料强度等级，是保证墙体强度、承载力和使用功能的最基本要求，也是保证耐久性的基本条件。吊装墙片时，砂浆是将砌块粘结成整体的关键材料，填充墙片也不宜采用过低的砂浆强度。

4.2 混凝土、钢筋和钢材

4.2.1 预制混凝土构件运输和吊装的变形控制和裂缝控制对混凝土强度等级有较高要求，据此对预制混凝土构件的混凝土强度等级作出规定。后浇混凝土强度的规定是考虑预制板与圈梁相连部位混凝土的协调。

4.3 其他材料

4.3.1、4.3.2 预埋件的锚板、锚筋材料，钢筋及钢材连接用焊接材料，螺栓和锚栓等紧固件，应分别符合现行国家或行业相关标准的规定。

4.3.3 呼吸式夹心保温墙系统的外叶墙，在稳定性不能满足要求或风载作用下变形和裂缝不能满足要求时，用拉结件或钢筋网片与稳定性更好的内叶墙实现拉结。因此，为实现呼吸式夹心保温墙系统与主体结构具有相同的使用年限，对拉结件的耐久性作出规定。不同使用环境对拉结件的耐久性影响巨大，因此须在设计时反映这一区别。

4.3.4 预制呼吸式外叶墙接缝处的密封材料，除应满足抗剪切和伸缩变形能力等力学性能要求外，尚应满足防霉、防水、防火、耐候等建筑物理性能要求。密封胶的宽度和厚度应通过计算确定。

4.4 砌体的计算指标

4.4.1 本条列表中仅列出承重墙砌体抗压强度，故未给出MU7.5以下的情况，填充墙一般砌块强度等级不超过MU7.5，其砌体抗压强度可按现行国家标准《砌体结构设计规范》GB 50003的规定采用。

4.4.2 黑龙江省工程实践验证了全灌孔的可行性和经济性，因此本条修改了国家标准中允许选择灌孔率的指标。在装配式配筋砌块砌体剪力墙结构中，砌块强度等级相同条件下，应鼓励砌块产品孔洞率的提高。孔洞率的提高既要通过砌块母材强度的提高来保证砌块强度等级，又增加了芯柱的有效截面面积，降低了施工难度。根据黑龙江省推广应用的经验，在保证砌块强度等级不降低的情况下，砌块最小孔洞率 45% 是较合适的。现行规范有全灌孔砌块砌体抗压强度设计值不应大于未灌孔砌块砌体抗压强度设计值 2 倍的要求，实际上是抹杀了孔洞率提高对结构承载力的贡献，该比值设置的初衷是对单纯通过提高灌孔混凝土强度来获得全灌孔砌块砌体抗压强度的提高做出限制。因此，在科学试验基础上，经认真测算，该比值放大到 2.25 倍，这既有建材产品品质的提升，又不影响结构可靠性。此外，本标准增加的 290mm 厚砌块，其孔洞率进一步增大，芯柱的贡献进一步提高，而该规定将无法反映这一事实。黑龙江省建设百米级配筋砌块砌体建筑的成功建设，也印证了提高该系数的可行性。

5 建筑设计

5.1 一般规定

5.1.1 在进行建筑设计时，应体现系统集成的模数化、承重结构装配化和一体化设计等与装配式配筋砌块砌体建筑相符的特点。

5.1.2 装配式配筋砌块砌体建筑的建筑设计除应符合建筑功能的要求外，还应符合建筑防火、安全、保温、隔热、隔声、防水、采光等建筑物理性能要求。对于住宅建筑，提倡围护、装修、设备管线与主体结构的分离，使住宅具备结构耐久性、室内空间灵活性以及可更新性等特点，同时兼备低能耗、高品质和长寿命的优势。

5.1.3 工业化、标准化产品的生产可提高效率，降低成本，同时产品的互换能力可促进市场的竞争和部件生产水平的提高。

5.1.4 装配式配筋砌块砌体建筑所用砌块具有模块化与标准化属性，以此为基础实现设计与生产、施工装配的协调以及全专业的协调，是体现全产业链工业化效率和优势的必要条件。

5.1.6 隔声效果不佳是预制墙板构件较常见的质量问题，设计时应注意选择隔声性能好的材料，构件间隙处理不当也是影响隔声效果的重要因素，也需要考虑。

5.2 平面、立面、剖面设计

5.2.1～5.2.3 砌块外形尺寸以200mm为模数，以此标准做平面设计对墙肢排块是必要的。自轴线标注的墙肢长度取奇数倍基本模数，也是适应这一要求的。竖向因有现浇圈梁，可以调节排块，故可适当放宽。

5.2.4 根据现行国家标准《建筑抗震设计规范》GB 50011和

《砌体结构设计规范》GB 50003 的有关条文要求，对装配式配筋砌块砌体建筑的平面布置和竖向布置提出相应的要求。应避免结构局部形成薄弱线，如住宅的起居室、餐厅、厨房，往往因洞口削弱而影响局部空间的结构完整性，进而形成薄弱线，造成不容忽视的后果。因此，建筑设计既要兼顾结构体系整体性，又要保证局部空间的结构完整性。

6 结构设计

6.1 一般规定

6.1.1 根据近年来国内外的研究成果和实践经验，配筋砌块砌体剪力墙结构具有很好的抗震性能，工程应用中更易于满足结构完整性，从而提高结构整体性和刚度。黑龙江省的科学研究和工程实践表明，装配式配筋砌块砌体剪力墙结构中钢筋连接更加可靠、施工质量更易保证，墙体承载力因清扫口块的取消而更高；同时在两个预制混凝土空心砌块砌体墙片之间设置现浇连接柱，对其延性有更好的保障。在这些优势条件下，应用中并未提高灌芯砌块砌体的力学性能计算指标和承载力计算结果，实际上增加了结构的安全储备和可靠性，但这样的保守也限制了此种结构体系在城市建设中的应用范围。在当前应用量超过 1200 万 m^2 的情况下，积累了足够经验和质量保证措施，实际上，其适用高度可以进一步放宽。

美国抗震规范（FEMA）中规定，配筋砌块砌体剪力墙结构和钢筋混凝土剪力墙结构具有相同的最大适用高度。而我国现行国家标准《建筑抗震设计规范》GB 50011 和《砌体结构设计规范》GB 50003 中规定，190mm 厚配筋砌块砌体剪力墙结构的最大适用高度，6 度区为 60m，7 度区（0.10g）为 55m，8 度区（0.20g）为 40m，9 度区为 24m，仅与钢筋混凝土框架结构的最大适用高度相当，这是在工程应用量小和工程经验不足情况下给出的保守的最大适用高度。而钢筋混凝土剪力墙结构的最大适用高度，6 度区为 140m，7 度区为 120m，8 度区（0.20g）为 100m，9 度区为 60m，二者相差较大，大大限制了此种结构体系在我国高层建筑中的应用。

配筋砌块砌体材料强度的适当降低，是由于砂浆这种弥散性工艺存在造成的，但该工艺一方面降低了混凝土墙成型的成本，减小了收缩应力，同时又成为水平力作用下增加耗能的技术措施。成本的降低使建筑局部区域空间保持结构完整性具有更好的设计条件。

哈尔滨工业大学混凝土与砌体结构研究中心，对百米级配筋砌块砌体剪力墙结构进行了非线性有限元分析和实体结构的现场动力测试，结果表明：采用 290mm 厚砌块的配筋砌块砌体剪力墙结构具有良好的抗震性能。按 6 度抗震设防设计的百米级配筋砌块砌体剪力墙结构，在遭受 7 度罕遇地震作用时，结构的最大层间位移角为 1/204，满足规范要求，可以实现“小震不坏、中震可修、大震不倒”的三水准抗震设防目标。

依据上述研究工作与工程实践，为推动装配式配筋砌块砌体剪力墙结构在市场上的适用范围，增加了 290mm 厚的装配式配筋砌块砌体剪力墙结构房屋的最大适用高度。

6.1.2 装配式配筋砌块砌体剪力墙结构房屋高宽比限制在一定范围内时，有利于房屋的稳定性，减少房屋发生整体弯曲破坏的可能性，一般可不做整体弯曲验算。装配式配筋砌块砌体剪力墙抗拉相对不利，限制房屋高宽比，可使剪力墙肢在多遇地震作用下不致出现大偏心受拉状况。

采用 290mm 宽砌块的配筋砌块砌体剪力墙结构不仅突破了我国规范中此种结构体系在高度上的限值，而且百米级配筋砌块砌体剪力墙建筑设计中采用的结构最大开间为 9.0m×6.3m，扩大了该结构体系的应用范围，实现了在大开间办公建筑中的应用。并且，该结构的高宽比为 6.1，超过规范规定，通过优化设计保证了结构侧向刚度和整体稳定性，试验研究、现场动力测试和有限元分析均表明了该结构的安全性。据此，拓展了装配式配筋砌块砌体剪力墙结构房屋的最大高宽比。

6.1.3 装配式配筋砌块砌体剪力墙结构的抗震等级是确定其抗震措施的重要设计参数，依据抗震设防分类、烈度和房屋高度等因素划分抗震等级。依靠空间结构完整性工作的装配式配筋砌块砌体剪力墙结构的受力性能要好于依靠杆件受力的格构式钢筋混凝土框架结构。

用于连接吊装的墙片而设置的连接柱（一般配置4根ϕ10纵筋ϕ6间距200mm的箍筋），其位置一般在一字形墙肢上，相当于额外增加了钢筋混凝土约束构件，对结构整体抗震性能有利。

已有的试验研究与分析结果表明，不同抗震设防烈度下，装配式配筋砌块砌体剪力墙结构房屋的高度与对应的抗震等级可适当调整。调整比例及参考原则为现行国家标准《建筑抗震设计规范》GB 50011对钢筋混凝土结构丙类建筑抗震等级划分（第6.1.2条）的条文说明。抗震设防烈度为6度时，对结构设计起控制作用的是风荷载，而不是地震作用，因此，高度分界大于24m。

6.1.4、6.1.5 合理的建筑形体和布置在抗震设计中是头等重要的。建筑设计时应依照规则性的要求，确定建筑平面的规则性和建筑立面的规则性，进而依照结构方案刚度中心与质量中心重合性判断扭转规则性，依照竖向刚度分布确定竖向刚度分布的规则性，并依照不规则性采取相应技术措施。

6.1.6 考虑到装配式配筋砌块砌体剪力墙结构应具有延性，避免脆性的剪切破坏，对墙肢长度提出了具体要求。装配式配筋砌块砌体剪力墙结构中采用预应力连续空心板楼（屋）盖，通过合理的构造措施，认为其传递地震力给横墙的能力等同于现浇钢筋混凝土楼、屋盖。由于装配式配筋砌块砌体剪力墙存在水平灰缝和垂直灰缝，其结构整体刚度小于钢筋混凝土剪力墙结构，因此防震缝的宽度要大于钢筋混凝土剪力墙房屋。

6.1.7 规定装配式配筋砌块砌体剪力墙结构的层高主要是为了保证剪力墙出平面的强度、刚度和稳定性。尽管在装配式配筋砌块砌体剪力墙结构中，通过纵横墙互为支撑的整体性保证了墙体的出平面受力要求，但在工程中适当限制层高仍是重要的技术措施之一。

我国现行国家标准《建筑抗震设计规范》GB 50011和《砌体结构设计规范》GB 50003中规定，配筋砌块砌体结构的底部加强部位层高，抗震等级为一、二级时不宜超过3.2m，三、四级不应大于3.9m，限制了该结构体系在对层高有使用功能要求的建筑中的应用，未能满足现代工程建设的需求。此外，我国百米级配筋砌块砌体剪力墙结构的底部加强部位层高为4.5m，超过了规范的限值，但凭借优异的结构设计也通过了超限审查，得到了业内专家的认可。该建筑在使用期内结构性能表现良好。

鉴于我国规范对配筋砌块砌体剪力墙结构层高限值的规定较为严格的状况，本标准经科学研究和专家会专门论证，并考虑以下两点因素提出装配式配筋砌块砌体剪力墙结构房屋的层高限制要求。

第一，哈尔滨工业大学混凝土与砌体结构研究中心对底部加强区层高进行了专项研究工作，以具体工程项目为依托，综合美国砌体规范、墙体稳定计算的小变形理论、我国砌体结构设计规范和弹塑性有限元分析的结果，得出结论：190mm厚配筋砌块砌体剪力墙结构在轴压比不大于0.4时，底部加强部位层高取4.2m是安全的。

第二，因装配式配筋砌块砌体剪力墙配置了钢筋，其出平面的延性要远好于普通多层砌体墙，因此，在设计上对层高的限值不应小于无筋砌体墙的层高限值。为保证逻辑相通，达到与普通多层砌体结构房屋中的底部框架－剪力墙砌体房屋的底部层高规定相当的取值，对于装配式配筋砌块砌体剪力墙底部加强部位层高：一、二级取3.9m，三、四级取4.5m；对于其他部位层高顺延。

6.1.9 虽然短肢剪力墙有利于建筑布置，能扩大使用空间，减轻结构自重，但其抗震性能较差，因此在整个结构中应设置足够数量的一般剪力墙，形成以一般剪力墙为主、短肢剪力墙与一般剪力墙相结合共同抵抗水平力的结构体系，保证房屋抗震能力。

6.1.10 对于部分框支装配式配筋砌块砌体剪力墙房屋，保持纵向受力构件的连续性是防止结构纵向刚度突变而产生薄弱层的主要措施，对结构抗震有利。在结构平面布置时，由于装配式配筋砌块砌体剪力墙和钢筋混凝土剪力墙在承载力、刚度和变形能力方面都有一定差异，因此应避免在同一层面上混合使用。与框支层相邻的上部楼层担负结构转换，在地震时容易遭受破坏，因此除在计算时应满足有关规定之外，在构造上也应予以加强。框支层剪力墙往往要承受较大的弯矩、轴力和剪力，应选用整体性能好的基础，否则剪力墙不能充分发挥作用。

6.1.11 连接柱、圈梁均是预制构件的连接部位，从混凝土强度等级方面提出构造要求。为便于叠合板后浇混凝土和圈梁混凝土的同时施工，二者宜采用同强度等级的混凝土。

6.2 作用及结构分析

6.2.1 对装配式配筋砌块砌体剪力墙结构进行承载能力极限状态和正常使用极限状态验算时，荷载和地震作用的取值及其组合均应按国家现行相关标准执行。

6.2.2 本条规定了装配式配筋砌块砌体剪力墙结构内力和位移计算分析的基本原则。装配式配筋砌块砌体剪力墙结构的连接可靠、施工质量更易保证，结构的整体性能不低于传统砌筑的配筋砌块砌体剪力墙结构，在各种设计状况下，装配式配筋砌块砌体剪力墙结构，可采用与传统砌筑的配筋砌块砌体剪力墙结构相同的方法进行结构分析。

目前，可采用软件分析装配式配筋砌块砌体剪力墙结构，考虑到装配式配筋砌块砌体剪力墙结构与钢筋混凝土剪力墙结构的受力性能相似，也可通过刚度等效原则，利用本标准附录 B 中的装配式配筋砌块砌体剪力墙受压应力与应变关系，将混凝土结构分析软件应用于装配式配筋砌块砌体剪力墙结构的分析是可行的。

6.2.3 本条规定了结构分析模型考虑的基本要素。现浇楼（屋）盖和装配式预应力连续空心板楼（屋）盖均可近似假定楼（屋）盖在其自身平面内为无限刚性，以减少结构分析的自由度数，提高结构分析效率。

6.2.6 装配式配筋砌块砌体剪力墙存在水平灰缝和垂直灰缝，在地震作用下具有较好的耗能能力，而且灌孔砌体的强度和弹性模量也要低于相应的混凝土，其变形比普通钢筋混凝土剪力墙大。根据有关研究结果，并综合参考钢筋混凝土剪力墙弹性层间位移角限值，规定了装配式配筋砌块砌体剪力墙结构在多遇地震作用下的弹性层间位移角限值为1/800，底层承受的剪力最大且主要是剪切变形，其弹性层间位移角限值要求相对较高，取1/1200。

6.2.7 对于预制构件宜适当考虑脱模效应，可按1.5kN/m^{2}考虑其荷载，并与动力效应叠加。

6.2.8 本条规定了装配式配筋砌块砌体结构内力和位移设计的基本内容。

6.3 装配式配筋砌块砌体构件计算

Ⅰ 静力计算

6.3.1 装配式配筋砌块砌体剪力墙的灌孔混凝土与砌块和钢筋之间的粘结状况良好，此时装配式配筋砌块砌体与钢筋混凝土的受力性能相似，因此，装配式配筋砌块砌体计算的基本假定也与钢筋混凝土类似。根据试验研究结果，装配式配筋砌块砌体中的砌体与灌孔混凝土分两次施工，在荷载作用下的变形状态不完全相同，因此灌孔砌块砌体的极限压应变稍小于混凝土的极限压应变。

6.3.2 因装配式配筋砌块砌体符合配筋砌块砌体的构造形式，即装配式配筋砌块砌体配置有竖向和水平向钢筋且水平钢筋布置在砌块水平凹槽内、用专用灌孔混凝土灌孔后形成的，所以二者的正截面轴心受压承载力计算方法相同。

6.3.3 配筋砌块砌体专用砌块同一孔洞中所配置的钢筋，190mm墙厚下不应超过1根，290mm墙厚下不应超过2根，钢筋在墙中难以准确定位。因此，装配式配筋砌块砌体剪力墙在平面外的受压承载力，采用无筋砌体构件受压承载力的计算模式是一种简化处理。

6.3.4 本条采用钢筋混凝土构件的计算模式，大偏压时近似认为在荷载作用下，修正后的受拉区和受压区范围内的分布钢筋都能够达到屈服，而小偏压时则根据受压区高度近似求解钢筋的应力状况，使复杂的计算问题简化。

6.3.5 装配式配筋砌块砌体的翼缘和腹板是通过在交接处块体的相互咬砌、水平钢筋和砌块水平槽内的通长混凝土连接键相连，因此，T形、L形、工形截面的翼缘和腹板之间的连接要稍弱于类似的整浇钢筋混凝土墙片。根据试验结果和分析，现行国家标准《混凝土设计规范》GB 50010的规定仍适用。

6.3.6 装配式配筋砌块砌体剪力墙的整体性不低于传统砌筑的配筋砌块砌体剪力墙，其斜截面受剪承载力计算方法与传统砌筑的配筋砌块砌体剪力墙相同。当装配式配筋砌块砌体剪力墙所承担的剪力较大，而墙片的截面面积又较小时，增加墙片内的水平钢筋不仅不能有效提高墙片的抗剪能力，而且会导致剪力墙发生斜压脆性破坏，因此规定剪力墙要有一定的截面面积。

Ⅱ 抗震计算

6.3.7 在装配式配筋砌块砌体剪力墙房屋抗震设计计算中，剪力墙底部的荷载作用效应最大，因此，对底部截面的组合剪力设计值采用按不同抗震等级确定剪力放大系数的形式进行调整，以使房屋的最不利截面得到加强。

6.3.8～6.3.10 装配式配筋砌块砌体剪力墙房屋的抗震计算分析，包括内力调整和截面应力计算方法，大多参照钢筋混凝土结构的有关规定，并针对装配式配筋砌块砌体剪力墙结构的特点做了修改。

条文中规定装配式配筋砌块砌体剪力墙的截面抗剪能力限制条件，是为了规定剪力墙截面尺寸的最小值，或者说是限制了剪力墙截面的最大名义剪应力值。试验研究结果表明，剪力墙的名义剪应力过高，灌孔砌体会在早期出现斜裂缝，水平抗剪钢筋不能充分发挥作用，即使配置很多水平抗剪钢筋，也不能有效地提高剪力墙的抗剪能力。

装配式配筋砌块砌体剪力墙截面应力控制值，类似于钢筋混凝土抗压强度设计值，采用“灌孔砌块砌体”的抗压强度，它不同于砌体抗压强度，也不同于混凝土抗压强度。装配式配筋砌块砌体剪力墙反复加载的受剪承载力比单调加载有所降低，其降低幅度和钢筋混凝土剪力墙很接近。因此，将静力承载力乘以降低系数 0.8，作为抗震设计中剪力墙的斜截面受剪承载力计算公式。

6.3.11 在装配式配筋砌块砌体剪力墙结构中，连梁是保证房屋整体性的重要构件，为了保证连梁与剪力墙节点处在弯曲屈服前不会出现剪切破坏和具有适当的刚度和承载能力，宜采用钢筋混凝土连梁，以确保连梁构件的“强剪弱弯”。

6.4 预制混凝土空心砌块砌体墙构件设计

6.4.1 预制混凝土空心砌块砌体墙构件的展开尺寸不但决定了预制构件的重量，而且对绑扎方案、吊装过程砌体构件的受力状态和安装时的方案、吊车的选择都具有重要影响，为此在高度选用层高情况下，对墙体构件展开长度作出了最大限值的规定，展开长度指所有墙肢长度总和。

6.4.2、6.4.3 墙片在地面砌筑时及吊装就位后均需考虑稳定性，为此，设计时宜选择具有自稳定截面形状的墙片，以减少或不设置临时支撑；必要时，合理设置临时支撑。

6.4.5 应对预制混凝土空心砌块砌体墙片制作、运输、堆放、安装等生产和施工过程中的安全性进行分析。

6.5 连接设计

6.5.1 传统施工工艺的砌体结构和装配式钢筋混凝土结构因条件限制，竖向钢筋连接只能采取同截面连接的方式，其性能不如非同截面连接。本技术体系可实现钢筋自由连接，故竖向钢筋连接应采用非同截面连接方式。

6.5.2 预制混凝土空心砌块砌体墙构件可通过定型的砌块实现连接柱处马牙槎构造，来提高连接部位的连接性能，同时墙体内存在的孔洞对实现连接柱部位水平钢筋的可靠连接提供了方便条件，其做法简单、方便、可靠、省钱、省力。

6.5.3 填充墙和承重墙的连接在使用阶段和地震作用下的极限状态具有两种截然不同的性能要求，通过不同材料的强度变化，实现使用阶段的刚性连接和大震工作状态下预设破坏面的柔性连接，是提高实际受力状态与计算模型受力状态相似度的重要方法。

6.5.4 装配式配筋砌块砌体剪力墙结构设置现浇钢筋混凝土圈梁，是为了保证楼板和墙体的可靠连接，以及跨越洞口时的方便性，因此应层层设置。

6.5.5 叠合梁、叠合板与灌孔的预制混凝土空心砌块砌体墙构件共同形成装配式配筋砌块砌体剪力墙结构。

6.5.6 预制混凝土梁与预制混凝土空心砌块砌体墙构件的连接构造直接影响结构安全，在预制混凝土梁上预留与芯柱匹配的孔洞，既要保证连接处的受弯及受剪承载力不低于连梁的受弯及受剪承载力，又要确保芯柱钢筋通过和混凝土的顺利浇筑，而不影响结构安全。

6.6 楼盖设计

6.6.1 楼板采用装配化技术，是提高建筑装配率的重要措施。预应力连续空心楼板楼（屋）盖技术是采用经二次加工的预应力 SP 空心板，在支座配以负弯矩钢筋和后浇混凝土形成连续受力板，板侧以限位装置和细石混凝土填缝，从而形成装配整体式楼（屋）盖，该楼（屋）盖成本低而性能可靠。也可以采用其他形式的叠合板楼（屋）盖，如钢筋桁架叠合混凝土板楼（屋）盖等。

6.6.2 在进行楼盖设计时，应尽量满足楼板连续多跨布置，从而可形成多跨连续单向受力板，而非多跨简支受力板，具有更高的经济性和安全性。当仅有一跨时，应以简支板计算，通过板负筋与圈梁的连接，虽不能形成多跨连续受力，但可以保证楼板的安全。预应力连续空心楼板在施工时，其预制板属板底有支撑的情况。因此按现行国家标准《混凝土结构设计规范》GB 50010规定，可按整体受弯构件设计，跨中按空心板截面计算，支座按实心板截面计算。

6.6.3 局部叠合的楼板受剪承载力和叠合面受剪承载力应按现行国家标准《混凝土结构设计规范》GB 50010 附录 H 计算。

6.6.4 将预制板缝用细石混凝土灌实，是保证楼板整体性的重要措施。使用限位装置保证相邻板的协同，既是施工调整楼板高度的措施，也是增强楼盖整体性的重要措施。

6.7 构造要求

6.7.1 装配式配筋砌块砌体剪力墙的钢筋配置基本构造要求是保证设计计算和工程质量的重要构造要求，避免设计与施工的衔接出现无法调和的矛盾，也避免施工困难，以致埋下工程质量隐患，危及建筑安全。290mm 厚墙允许设置双排钢筋。

6.7.2 装配式配筋砌块砌体剪力墙孔洞内配筋面积不应过大，否则钢筋太多，直径太大，不仅影响结构延性，也不利于灌孔混凝土浇筑。应控制灰缝中钢筋直径，以免影响钢筋的握裹力及钢筋强度的发挥。灰缝中钢筋直径较大时，将难以保证灰缝的砌筑质量，同时也会给现场施工和施工验收带来困难。

6.7.3 灌孔混凝土中的钢筋处在周边有砌块壁形成约束的条件下，这比钢筋在一般混凝土中的锚固条件要好。装配式配筋砌块砌体剪力墙结构采用先连接钢筋再将钢筋穿进预制混凝土空心砌块砌体墙构件的施工工艺，因此，与非装配的配筋砌块砌体相比，钢筋的连接接头质量容易保证。多数情况下，钢筋的保护层厚度大于 5 倍钢筋直径，因此钢筋的锚固长度和搭接长度适当折减。

6.7.4 装配式配筋砌块砌体剪力墙结构作为一种配筋的结构体系，规定竖向和水平钢筋的最小配筋率是保证结构受力、延性和破坏特征符合设计预期的重要措施。装配式配筋砌块砌体剪力墙的成型特点使砌块砌体的收缩量大大减小，砌块孔洞内浇筑的灌孔混凝土由砌块砌体作模板，其在硬化过程中的干缩量也大大减小。因此，一方面装配式配筋砌块砌体结构的芯柱在硬化工程中不需要养护，减小了养护工作量，保证了质量；另一方面，砌块收缩量和灌孔混凝土干缩量的减小也大大降低了结构产生的收缩应力，进而控制了墙体出现裂缝的风险。黑龙江省的大量工程实践表明，在采用全灌孔砌块砌体工程中，未出现墙体收缩裂缝的质量问题，这也是配筋砌块砌体较现浇钢筋混凝土结构在配筋构造上可以节省的重要原因。

6.7.5、6.7.6 装配式配筋砌块砌体结构对墙肢端部、墙肢交角处竖向钢筋配置孔数进行规定是保证墙肢计算和变形的重要构造措施。试验和工程实践表明，在水平灰缝中配置箍筋的加强技术措施，不但影响砌筑质量、增加砌筑难度，而且对墙肢的加强作用十分有限；但在芯柱中配置箍筋，加强对芯柱的约束是有效的技术措施，可提高结构的延性。

对边缘构件端部和相交点处的配筋，在相同情况下，应区分不同孔洞配筋在计算方法和实际受力状态方面所发挥的作用是不同的，因此规定了重要孔洞中钢筋的最小直径，这符合结构的受力状态和受力特点要求，特别是对小墙肢更为重要。

6.7.7 对计算时按整体墙考虑的墙上洞口，应在设计中对洞口周边考虑配筋加强。

6.7.8 装配式配筋砌块砌体剪力墙在重力荷载代表值作用下的轴压比控制，是为了保证装配式配筋砌块砌体剪力墙结构在水平荷载作用下的延性。

6.7.10 分布式拉结件是保证呼吸式夹心保温墙系统内、外叶墙协同受力的有效措施，是对外叶墙自伸出平面稳定性不足的保障措施。呼吸式夹心保温墙系统取消了 20mm 厚空气夹层，使内叶墙与高效保温层、高效保温层与呼吸式外叶墙呈贴合状态，这一做法增加了呼吸式外叶墙在风压作用下的稳定性，实际上增加了呼吸式外叶墙的抗风能力。

6.7.11 预制呼吸式外叶墙的自身稳定和刚度应在预制过程采取有效措施予以保证，但上、下边界与内叶墙连接的可靠性和耐久性是其受力的关键措施和关系使用寿命的重要保证，在呼吸式外叶墙具有足够稳定和刚度的条件下，取消分布式拉结件对提高保温效果是十分有利的。

6.7.13 芯柱既可以增强填充墙的稳定性，又可以避免因支设构造柱模板而影响施工速度，恰当设置可起到构造柱的作用。填充墙的施工顺序为先布置芯柱中竖向钢筋，再砌筑墙体，对灌孔混凝土应采用合理的灌注方案，保证芯柱内灌孔混凝土密实。明确2根竖向钢筋的要求，是反映芯柱应对面外受力性质。

6.7.15 框支层以下的框架及剪力墙采用钢筋混凝土，其设计可参照国家现行标准《混凝土结构设计规范》GB 50010、《建筑抗震设计规范》GB 50011和《高层建筑混凝土结构技术规程》JGJ 3相关规定。

6.7.16 预应力连续空心板楼（屋）盖是基于预制板局部配筋叠合而成，其在支座处的做法对其力学性能和安全至关重要。本条给出了确保形成连续受力单向板的必要构造措施。对楼板沿梁（墙）布置时在连接处的做法也给出了规定，是确保楼盖整体性的必要措施。

6.7.17 规定板缝最小宽度是为保证灌缝混凝土施工质量提供条件。预应力连续空心楼板需在空心板的孔洞中配筋，其布筋受到预制板孔的影响，在综合考虑布筋构造要求及预制板孔设置，确定布筋的数量和位置。图1是针对一般模具的布筋方法建议，板缝也需布筋，当孔数量不同时可做适当调整。

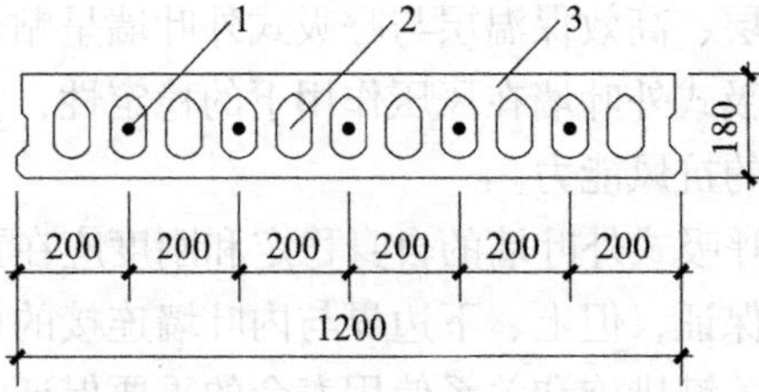

（a）180mm 厚板

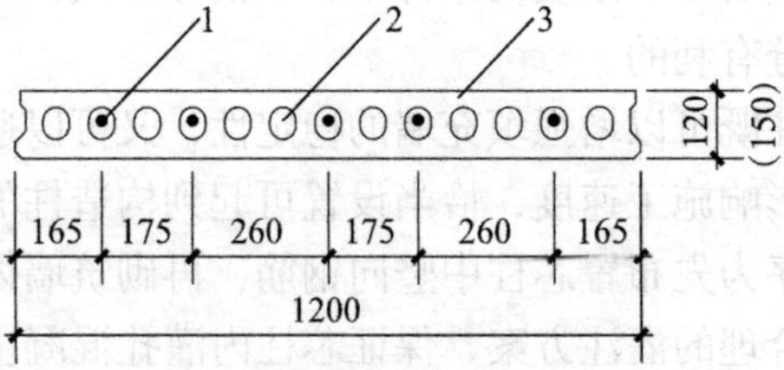

（b）120mm 和 150mm 厚板

图 1　建议的布筋位置

1—钢筋；2—预制板孔道；3—预应力空心板

7 外围护系统设计

7.1 一 般 规 定

7.1.1 外围护系统与结构自身有关联，结构体系的模数化、标准化要求同样适用，尤其外墙采用装配化技术时，二者有着更多的匹配关系，同时外围护系统还需要有建筑立面效果的考虑。

7.1.2 本条所列为对外围护系统的一般性要求，明确了涉及的项目。

7.1.3 呼吸式夹心保温墙系统是专有技术，其利用专门的构造做法实现了夹心墙可呼吸排湿功能，通过双梁支承结构获得了更高效的节能效果，此处对技术要求做了具体的规定。当采用装配式外叶墙时，通过预应力实现了外叶墙自身稳定，取消了分布式拉结件，进一步提升了节能效果，同时需要考虑是施工所需条件以及立面分缝对建筑外立面效果的影响。

7.1.4 外围护系统所处使用环境较恶劣，需要满足安全性（如抗风、抗震、耐撞击、防火）、功能性（如水密性、气密性、隔声、热工）以及耐久性要求。外围护系统的做法和材料种类多种多样，施工工艺和节点构造也不尽相同，应根据不同材料特性、施工工艺和节点构造特点明确具体的性能要求。

7.1.5 装配式外叶墙在自身受力依托预应力产生的压应力抵抗荷载在墙中产生的拉应力，本条要求该措施应能抵抗在地震作用、风荷载作用下的效应，保证结构安全。

7.1.6 装配式外叶墙的支承点和拉结点一般各为两个，支承点承受全部竖向荷载，与拉结点共同承担水平作用，应具备足够的承载力。拉结点尚应具备一定变形能力，以适应墙体在荷载作用下的变形协调。

7.1.7 外围护墙的接缝是释放温度应力的有效措施，对于装配式外叶墙则更是墙体部品划分的必要措施，做好接缝的施工是保证外围护墙性能和耐久性的关键。

7.2 呼吸式夹心保温墙系统设计

7.2.1 呼吸式夹心保温墙系统的呼吸式外叶墙处于环境恶劣的室外，当采用低强度的呼吸式外叶墙时，易因劣化、脱落而毁物伤人。故对其块体材料的强度提出了较高要求。

7.2.2 严寒及寒冷地区的夹心保温墙，使用期间容易出现开裂、渗漏、空鼓、脱落、发霉、长毛等质量问题，为避免类似问题出现，条文提出保证保温层在外表面的通气排湿功能的规定。

7.2.3 呼吸式外叶墙需有独立的支承结构，将自身重量传递给主体结构，支承结构所用材料均为密度大、导热系数也大的非节能材料。因此支承结构的存在是增加呼吸式夹心保温墙系统热桥效应的重要原因。采用既满足传力需要，又能把线状热桥带改为点状热桥的梁式支承结构是提高呼吸式夹心保温墙系统节能保温效果的有效措施，同时又为实现外叶墙的预制装配创造了一个结构条件。

7.2.4 如果保温材料与内叶墙的外表面之间有间隙，当室外温度较低时，保温层与内叶墙之间的温度高于室外，间隙中湿空气会在保温层表面结露，造成夹心墙的破坏，由此保温层需要紧密贴合于内叶墙。保温材料处于内外叶墙夹紧状态，内外叶墙的拉结筋主要抵抗风吸力，风压力更多是直接通过保温材料传递到内叶墙；同时保温材料一定程度上也限制了拉结筋受压时的侧向变形，利于拉结筋提供一部分受压承载力，有利于提高夹心墙整体受力性能，在超低能耗建筑中，保温层可以用到250mm厚。

7.2.5 外墙的门窗洞口周边，有节能、防火、防水、安装门窗等功能和施工需要，该部位处理不当极易成为建筑节能的薄弱部位和建筑防火的隐患部位。因此，应对门窗洞口周边采取有针对性的构造措施，以提高节能、防火、防水功能，便于门窗安装。

7.3 外 门 窗

7.3.2 内叶墙与主体连接更可靠，故外门窗应固定在内叶墙上，不宜布置在保温层或外叶墙上。门窗框与墙的接缝，质量不易保证，是常见的质量通病，合理的构造措施易于保证其施工质量。

8 设备与管线系统设计

8.1 一 般 规 定

8.1.1 传统做法一般将设备管线埋在楼板现浇混凝土或墙体中，使用年限不同的主体结构和管线设备混在一起。给管线维修和变更带来困难。因此提倡采用主体结构构件、内装修部品和设备管线分离。

8.1.2 集成化技术利于管线与结构分离，管线系统的预留预埋不应妨害结构的安全，须与建筑专业、结构专业协调。

8.1.3 设备和管线安装的预埋预留应在施工中及时设置，避免后期剔凿，造成结构构件损伤。

8.1.4 目前 BIM 技术应用范围越来越广，其在空间设计、检查中的优势特别符合装配化建造技术的需要，满足精度要求的可视化设计将大大减小设计上的失误，对构件需要装配的装配式建筑来说，意义较传统建筑更重大。

8.1.5 给水排水，供暖、通风和空调及电气管线等的设计协同和管线综合设计是装配式建筑设计的重要内容，其管线综合设计应符合各专业之间、各种设备及管线间安装施工的精细化设计及系统性布线的要求，管线宜集中布置、避免交叉，以免在后浇量较小的构件中布置困难。

8.1.6 墙体内预留线管应在板顶向下统一布设，不应自板顶向上留设。集中管线部位宜通过填充墙、设置连接柱方式布设或通过集中管井布设。传统施工中，设置在墙体中的管线，有的自下而上设置，如插座；有的自上而下设置，如开关。如果采取自下而上的方式设置，去墙片安装时，须将预埋管线自墙片底部沿砌块竖向孔洞穿入墙体中，如果其位置与砌块孔不对应，将会给施工带来困难，如砌块壁压住管线，则须将管线重新设置管线，因此建议自上而下布置。

8.2 给 水 排 水

8.2.1 配水管道应便于维修更换，使用装配式配件如内螺纹活接等，可避免切割管线带来的不确定性。

8.3 供暖、通风、空调及燃气

8.3.2 利用砌块竖向孔洞形成可自然通风的排气通道，利用室内外压力差将室内脏空气排出，提升室内空气质量。

8.4 电气和智能化

8.4.2 隔墙两侧的电气和智能化设备如连通设置，将会影响墙体隔声，两侧的设备应错开砌块孔洞设置。

9 内装系统设计

9.1 一 般 规 定

9.1.1 随着对项目建设全装修的要求，内装系统的设计宜前置，与建筑设计同步进行，与结构系统、外围护系统、设备管线系统进行一体化设计，BIM 技术的广泛应用为此创造了条件。

9.1.2 管线分离可使不同使用年限的结构、内装的维修更换协调。

9.1.3 在墙片制作精度较高的情况下，不需要较厚的抹灰做表面的找平，故可以采用薄抹灰甚至免抹灰。

9.2 内装部品设计

9.2.1 厨房、卫生间设备比较多，管线连接多涉及墙、板的设计与施工，在预制构件的深化设计中准确反映内装部品的要求，避免对结构构件的剔凿。

10 构件制作、检验与运输

10.1 一般规定

10.1.1 专用砌块孔洞率和对孔率影响灌芯砌块砌体的强度指标，因此应对专用砌块复检孔洞率和对孔率，使其符合设计要求。

10.1.2 生产单位应根据预制混凝土构件的混凝土强度等级、生产工艺等选择制备混凝土的原材料，并进行混凝土配合比设计，性能应满足相应标准要求。

10.2 预制混凝土空心砌块砌体墙构件制作

10.2.2 装配式配筋砌块砌体剪力墙结构块型匹配是保证结构性能和完整性的重要方面。砌块龄期达到28d之后再进行砌筑，是有效减小墙体收缩应力的重要措施。砌筑前确认砌块强度、孔洞率和对孔率是保证按设计意图施工的必然要求。

10.2.3 预制混凝土空心砌块砌体墙构件通过自身截面形状保持预制过程中和安装后的稳定，是减小施工过程支撑数量的合理方法，但对不满足抗倾覆验算要求的墙体进行临时支撑的设置，是保证施工过程安全的有效措施。

10.2.4 不同强度等级的砌块分别堆放，有利于提高砌筑时砌块供应的效率。

10.2.5 对墙片绑扎的操作空间提出要求，是为了墙片砌筑完成后绑扎、吊装的需要。底座可采用钢材或混凝土材料制作，一般钢材制作比较灵活，但需保证其刚度。预制混凝土空心砌块砌体墙构件的砌筑砂浆应起到浇筑灌孔混凝土时的封闭作用，可不采用非满铺砂浆做法。在内壁上掉落的砂浆，不应残留在墙体内水平钢筋上和砌块肋（壁）上，落入孔洞内的砂浆应在墙体起吊后全部与墙体分离。因此，砌筑底座应保证清除落地砂浆，以便重复使用。

10.2.6 本条是保证预制混凝土空心砌块砌体墙构件制作质量的基本要求。水平钢筋在装配式配筋砌块砌体剪力墙中有位置的要求，可通过采用水平钢筋限位装置固定其位置，避免在吊装、浇筑灌孔混凝土过程中移位。水平钢筋限位装置的设置间距宜按现行国家标准《砌体结构设计规范》GB 50003 执行，对其材质不做特殊要求，能够实现对钢筋的限位即可。

10.2.8 装配式配筋砌块砌体剪力墙中的水平钢筋在预制混凝土空心砌块砌体墙构件制作过程中设置，故在构件制作过程中控制其质量。

10.2.9 对预制混凝土空心砌块砌体墙构件进行标识，是进行吊装、质量索引的必要途径；墙片安装完成后的质量检验信息，可以在墙片上记载，也可以记录后输入信息库，实施统一管理。

10.3 混凝土构件制作

10.3.1 预应力构件跨度超过 6m 时，构件起拱值会随存放时间延长而加大，通常可在底模中部预设反拱，以减少构件的起拱值。

10.3.2 混凝土预制构件，主要涉及板、梁、阳台、楼梯等，在浇筑这些构件前，应对钢筋（及预应力筋）和预埋部件进行隐蔽工程检查，这不仅是保证构件结构性能的关键质量控制环节，也是作业能够顺利进行的保证。如在设置墙片支撑的地面固定装置时，支撑杆在墙上的固定位置在砌块的中肋部位，位置可调整余地不大，在叠合板预制板中的埋件位置，将直接影响该支撑能否顺利安装。

10.3.3 应按照现行国家标准《混凝土结构工程施工规范》GB 50666 进行振捣作业，对叠合构件尤其要注意施工质量。

10.3.5 硬挤压工艺生产的预应力空心板，制作工艺简单，成本较低，其生产应满足工艺及质检要求。

10.4 构 件 检 验

10.4.1 砌筑工人标识应由检验人员复核。

10.5 运输与存放

10.5.2 预制混凝土空心砌块砌体墙构件可以在现场砌筑，也可以在工厂制作再运输到现场。预制混凝土空心砌块砌体墙构件在吊运时需要打包，使砌体处于受压状态，保证其在调运时的整体性，因此在运输前要进行严格打包。打包后的砌体尽量直立，避免在自重下产生受弯，利于构件的安全。

10.5.3 预制混凝土空心砌块砌体墙构件宜在直立状态下进行固定，构件之间的空间应满足吊装时的准备操作。

10.5.4、10.5.5 对于叠合构件如局部叠合板、叠合梁，施工时其自身承载力和刚度较常规构件弱，需要采取有效措施保证其在吊运中的安全，避免磕碰引起的损坏。

11 施　　工

11.1 一 般 规 定

11.1.1 施工组织设计的内容应符合现行国家标准《建筑工程施工组织设计规范》GB/T 50502 的规定。考虑到装配式配筋砌块砌体剪力墙结构技术的复杂性，应制定专项施工方案，应充分反映装配式配筋砌块砌体剪力墙结构的施工特点以及工艺流程的特殊要求。施工方案的内容应包括预制混凝土空心砌块砌体墙构件的稳定验算和措施、预制混凝土空心砌块砌体墙构件绑扎与吊装方案、预制混凝土构件安装及节点施工方案、构件安装的质量管理及安全措施。对作业人员进行培训，有利其掌握操作要领，提高效率、保证质量和安全。

11.1.2 钢丝绳、钢链等吊具应取 6 倍的安全系数；绑扎系统所用工具应采用 3 倍的安全系数。工具宜采用高强度等级材料，以减小其重量。用具的计算，应考虑其最不利的工况，并考虑最不利的受力状态（受拉、受剪、受弯以及组合作用）。与钢丝绳、钢链等配套使用的各种卡扣，应保证有相同的安全保证。绑扎系统中的工厂产品，应有可靠的产品质量说明书，尤其注意核实其与吊装相关的安全系数。

11.1.3 吊装过程中墙片处于受压状态，吊装时对砂浆强度要求可适当降低。可通过监测同条件砂浆试块的强度判断预制混凝土空心砌块砌体墙构件中砂浆的强度。

11.1.4 在小孔洞内插入振捣棒，一次插入深度不宜过大，因此采用按楼层多次灌注逐孔振捣的方案，有利于提高灌孔混凝土的浇筑质量。

11.1.5 预制混凝土空心砌块砌体墙构件内水平钢筋的设置对竖向孔洞内的通畅具有重要影响，并直接关系到竖向钢筋和振捣棒的插入，在同楼层内各层水平钢筋水平投影基本重合，相当于保证了孔洞通畅，保障灌孔混凝土的施工质量。

11.1.6 墙片安装时最容易影响施工的是竖向钢筋的预设位置，因此在埋设竖向钢筋时，应采取合理措施，并保证在浇筑混凝土时和浇筑之后措施有效，使得钢筋尽量位于砌块孔洞中央。

11.1.8 某些预埋件如固定支撑用的预埋螺栓，应对丝扣做好防护，避免在施工过程中损坏。如发现已经损坏，须采取相应的补救措施，如另设置膨胀螺栓等。

11.1.9 应注意构件安装的施工安全，防止预制混凝土空心砌块砌体墙构件在安装过程中因不合理受力造成损伤、破坏、坠落（或块体脱落），安装过程中须防止墙片倾覆、保证操作人员安全，严格遵守有关的施工安全规定。

11.2 安 装 准 备

11.2.1 放线的准确程度影响整个安装工程的质量，所以在放线时应严格按照要求控制。

11.2.2 预制混凝土空心砌块砌体墙构件绑扎后进行吊装，是装配式配筋砌块砌体结构中必要的吊装和安全保障措施。绑扎系统应能有效防止砌体的开裂和砌块的脱落，绑扎位置为后续工作预留作业条件也是工程顺利进行的前提。

11.2.3 由于绑扎后的工序是吊装，绑扎后、吊装前的检查尤为重要。绑扎系统出现问题，不仅影响吊装安全，也会影响后续施工。

11.2.4 墙体竖向钢筋连接，在楼面处墙片安装之前完成，故在墙片安装前进行检查；砌块孔洞中部分粘结的砂浆等在墙片下落、钢筋穿墙过程中，若有部分脱落，应在墙片落地前清除，保证交界面的混凝土质量。楼板施工后达到一定强度方可进行墙片的安装，避免在安装中发生意外，同时也可避免吊装作业对已完成结构造成损坏。

11.2.5 混凝土隐蔽工程主要有：（1）楼板或叠合板的现浇部

分，对于现浇楼板对钢筋的检查属于常规要求；另外需要设置墙片支撑时，楼面锚固的预埋件的位置和质量也是检查的重点；预留管线的检查。（2）圈梁（及过梁、连梁）的纵筋、箍筋应在浇筑混凝土前检查，竖向钢筋位置应在混凝土浇筑后予以保证；还应注意清除圈梁底部、砌块孔洞顶部的垃圾。（3）连接柱的钢筋设置及钢筋连接质量的检查。（4）其他部位的现浇混凝土施工。

11.3 预制混凝土空心砌块砌体墙构件安装

11.3.1 墙片在空中就位时，可通过拉杆等控制工具调整墙片的位置，操作人员须离开墙片一定距离；墙片进行竖向钢筋穿墙作业时，应使用穿筋工具距墙片一定距离完成穿筋作业。必要时，可设置一定高度的平台，拉近人的操作距离，但平台应有足够刚度和尺寸，便于工人随时撤离。

11.3.3 因操作失误或其他原因导致楼面未预设所需的钢筋，应通过植筋等措施达到与正确施工相当的效果。

11.3.4 灌孔混凝土浇灌中及浇灌后，应随时检查竖向钢筋的位置，避免混凝土硬化后发现钢筋偏离而不得不进行补救。

11.3.5 连接柱作为将各个墙片连在一起的重要部件，使各墙片的水平钢筋连接满足要求，通过附加钢筋的串动，可实现水平钢筋的搭接连接。

11.3.6 装配式配筋砌块砌体剪力墙与传统配筋砌块砌体剪力墙在竖向墙片接缝交接面处并无不同，符合本条规定的措施，并满足相应的施工要求时，可不进行接缝承载力验算。

11.4 混凝土构件安装

11.4.1 叠合受弯构件的施工应考虑两阶段受力的特点，施工时要采取质量保证措施，避免构件产生裂缝。

11.4.2 一定的搁置长度是保证受弯构件安全的必要保证，虽然装配式构件多为叠合构件，但为保证在施工过程中的安全，仍需要满足一般的规定。垫块过厚削弱了支承截面，因此予以限制。

11.4.3 叠合受弯构件的施工应考虑两阶段受力的特点，施工时要采取质量保证措施。由于板的支承部位一般不平整，变截面板端部较薄，不能承担施工荷载，因此不能用板端直接支承。施工后浇混凝土时应保证板支承下方缝填实，待后浇混凝土达到设计强度，再拆除支承。

11.4.4 预制板之间的板缝如果处理不当，不仅会影响楼盖的整体性，而且会导致板缝处抹灰开裂，影响观瞻和使用性能，是预制板饱受诟病的原因之一。使用限位器的功能之一是保持楼板的相对空间位置，以使楼板底面平整；功能之二是加强相邻板的联系，使之在竖向荷载作用下协调工作，避免裂缝出现。板缝灌实混凝土，可加强楼盖整体性，尤其是水平受力时的整体性。

11.5 部 品 安 装

11.5.1 部品安装与主体结构穿插进行可以获得更高的设备使用效率，但应在主体结构验收合格后进行，并不应对已完成的结构造成影响。

11.5.4 预制外叶墙部品的安装应能进行有效调整，以便满足建筑与验收的要求。对于采用劈裂装饰砌块产品制作的外叶墙，由于劈裂面没有基准面，故可采取外叶墙内表面作为基准面，控制施工质量。

11.5.5 安装墙片时在砌块壁下铺设的砂浆应平整，有利于后续的墙片位置调整。填充墙部品需要与主体结构做可靠连接，拉结筋配合马牙槎是砌体结构常用的连接方式，要求填充墙灰缝高度与承重墙一致，除了钢筋连接方便，同时可以保证连接的质量。

11.6 设备与管线安装

11.6.2 砌块墙体中的竖向孔洞，适宜穿线，是常规的管线安装方式。在后浇部位的管线，应按照规定设置，避免对后浇部位的质量产生影响。

12 工程验收

12.1 一般规定

12.1.1 装配式配筋砌块砌体结构工程验收主要依据现行国家标准《砌体结构工程施工质量验收规范》GB 50203和《混凝土结构工程施工质量验收规范》GB 50204的有关规定执行，考虑到本技术体系与以上两种标准规定的内容都有所区别，提供了部分项目的验收方法。

12.1.2 墙片之间的连接如处理不当，易留下质量隐患，因此该部位施工应列为隐蔽工程。

12.1.3 专用砌块是指符合本标准的砌块，砌筑砂浆及灌孔混凝土是指符合现行行业标准的相应产品，符合设计要求是保证工程质量的前提。

12.1.4 装配式配筋砌块砌体剪力墙结构施工技术关键点多，增加验收提交的记录和文件，是保证工程质量实现可追溯性的基本要求。

对于装配式配筋砌块砌体结构来说，预制的混凝土空心砌块墙片是过程产品，尚未形成完整构件（尚需灌芯、配筋等），无法对其力学性能做出评判，质量证明文件应描述所用材料合格及构件规格尺寸等可量测的项目检验结果。按“弹性工厂”理念在施工现场制作的构件尤其是墙片构件，应由制作单位负责质量，由于没有另外的制作方，因此不再提供构件的质量证明文件。

12.2 预制构件

主控项目

12.2.1、12.2.2 专用砌块和专用砂浆的强度直接关系到砌块砌体的工程质量，砌块的孔洞率和对孔率影响装配式配筋砌块砌体剪力墙的最终承载力，因此必须满足要求。

配筋砌块砌体结构的墙体承载力组成，含有灌孔混凝土（芯柱）的贡献，该部分的大小除与灌孔混凝土强度有关外，孔洞率和对孔率是关键的因素。同样强度条件下，孔洞率小的砌块所做成的墙片，实际承载力低，要求砌块孔洞率不低于45%，是出于防止设计和施工脱节的目的。过小的孔洞，也会因砌筑砂浆挂壁等原因，给灌孔工作带来困难，影响工程质量。

装配式配筋砌块砌体剪力墙结构所用砌块，以系梁块为主，对其强度的检测尤为重要，目前尚无统一的检测方法，按切割法检测是比较简单的方法。

12.2.3 装配式配筋砌块砌体剪力墙内的钢筋配置应按图施工，变更设计应有相关文件，不得擅自修改。竖向钢筋的位置准确程度，直接关系到吊装工作的进行，应严格按照设计要求的精度控制，如发现位置偏差过大，应采取有效校正措施。

一 般 项 目

12.2.5 由于砌块竖向孔洞需要灌注混凝土（有时还设置竖向钢筋），过小的水平钢筋间距将使混凝土的灌注与振捣困难。

12.2.6 灰缝中的漏点会导致向孔中灌注混凝土时出现漏浆，影响墙面质量。

12.2.7 凸出于砌块内壁的残留砂浆，自身强度较低，并且其存在影响混凝土的灌注。

12.2.8 局部叠合板空心板开槽尺寸及粗糙面，影响钢筋锚固和新旧混凝土结合面性能，是保证楼盖性能的关键。

12.3 预制构件安装与连接

主 控 项 目

12.3.1 灌孔混凝土是装配式配筋砌块砌体剪力墙主要承载力来

源之一，与浇筑灌孔混凝土工作相比，保证强度等级合格是更容易做到的，必须予以重视。

12.3.2 装配式配筋砌块砌体剪力墙内的竖向钢筋可采用机械连接、焊接或绑扎搭接的形式进行施工安装，水平钢筋可按绑扎搭接的形式进行施工安装。竖向钢筋的搭接位置应在基础顶面及每层楼面标高处。

12.3.3 后浇混凝土指：连接柱、叠合构件（板、梁）的后浇层。这部分混凝土现场浇筑，检验按现行国家标准《混凝土结构工程施工质量验收规范》GB 50204 的要求进行。

一 般 项 目

12.3.8 虽然在每个预制混凝土空心砌块砌体墙构件安装时，均已经满足垂直度、水平度、平整度的要求，但两个墙片连接后，其整体由于误差积累的原因仍可能超过限值要求，因此需要检查。

12.3.9 灌孔混凝土是装配式配筋砌块砌体剪力墙主要承载力来源之一，保证灌孔的密实度是施工中一项重要工作内容。除了检查墙体漏浆及残留砂浆等影响密实度的项目外，重点检查灌孔混凝土的灌实度。工程实践经验表明，墙体下部 2/3 范围的灌孔混凝土易欠密实，而预留插座、开关、线盒等部位，因占用砌块孔洞空间，更容易出现灌孔混凝土不密实的现象。

附录A 装配式配筋砌块砌体建筑评价标准

A.0.2 竖向承重墙构件、围护墙和内隔墙非在楼面原位砌筑而采用在地面砌筑、经吊装至楼面时属于预制范畴。

A.0.3、**A.0.4** 预制构件比例计算应遵循以下原则：

1）预制构件间必要的现浇连接部分，计入预制构件比例；

2）预制比例为中间值时，可采用内插法计算；

3）所有预制构件的使用均应符合合理性设计原则。

砌体结构装配式建筑的楼面体系（包括楼板、楼梯、阳台、空调板等）的预制构件比例以免模楼面面积作为评价指标计算基础。免模楼面包括预制楼板、预制叠合楼板、预制楼梯等。为鼓励各地区因地制宜地发展装配式楼面体系，提高建造质量和效率，计算装配式配筋砌块砌体剪力墙结构建筑楼面的预制构件比例时，不考虑上述楼面建造方式的折减系数。

附录 C　专用砌块抗压强度试验方法

C. 0. 1　根据哈尔滨工业大学井一村的研究成果，在进行砌块抗压强度试验时，当承压面沿宽度方向夹角 $\alpha \leqslant 0.4°$ 时，砌块强度试验值变异系数稳定 0.05 左右，而当 $\alpha = 0.5°$ 时，变异系数突然增大，达到 0.14 左右，因此认为当 $\alpha < 0.5°$（对 190mm 宽砌块为 1.6mm）时，试验值数据足够稳定。当承压面沿长度方向夹角 $\beta \leqslant 0.15°$ 时，变异系数在 0.10 以内，当 $\beta = 0.20°$ 时，变异系数突然增大，达到 0.18 以上，因此认为当 $\beta < 0.20°$（1.3mm）时，试验值数据足够稳定。

附录 D 专用砌块孔洞率检验方法

D. 0. 1 现行国家标准《混凝土砌块和砖试验方法》GB/T 4111关于砌块孔洞率的检测方法过于繁琐，为此提出既方便又准确的填砂法。

D. 0. 5 砌块孔洞率检验误差可在 0.5% 范围之内，此时可满足工程需要。

附录 E 专用砌块对孔错缝砌筑对孔率检验方法

E. 0. 1 对孔率为砌块型式检验的重要内容，用于评价砌块孔型是否符合要求。

1511240307

统一书号：15112 · 40307
定　　价：**48.00**　元

ICS 91.100.01
P 24

中 国 建 筑 学 会 标 准

T

T/ASC 29－2022

装配式配筋砌块砌体建筑技术标准

Technical standard for assembled buildings with reinforced concrete masonry structure

2022－07－05 发布　　2022－09－01 实施

中 国 建 筑 学 会　发布